Die Cauchy'sche Methode der Auswertung bestimmter Integrale zwischen reellen Grenzen.

Inaugural-Dissertation

zur

Erlangung der Doktorwürde

der

Philosophischen Fakultät der Universität Marburg

vorgelegt von

EUGEN SCHMID

aus Cannstatt.

STUTTGART

Hofbuchdruckerei Zu Gutenberg, Carl Grüninger (Klett & Hartmann)

1903.

Der Fakultät vorgelegt am 2. Dezember 1902 und von
ihr als Dissertation angenommen am 11. Februar 1903.
Referent: Prof. Dr. K. Hensel.

Herrn Oberstudienrat a. D. v. GÜNZLER

in Ehrerbietung gewidmet

vom Verfasser.

Vorwort.

Die Cauchy'sche Methode der Auswertung reeller bestimmter Integrale ermittelt den Wert eines Integrals mit komplexen Variabeln über eine geschlossene Kurve und daraus durch Trennung des reellen und imaginären Teils die Werte von reellen Integralen zwischen bestimmten Grenzen.

In vielen Fällen ergeben sich als natürliche Grenzen $-\infty$ und $+\infty$ bezw. 0 und $+\infty$, oder 0 und 2π bezw. 0 und π; in anderen Fällen bieten sich nach der Beschaffenheit des Integrals aber auch andere Grenzen dar. Endlich erhält man durch Substitutionen Integrale mit neuen Grenzen.

Neben der unmittelbar aus der Definitionsgleichung des bestimmten Integrals sich ergebenden Methode kann die Cauchy'sche allein eine „direkte" genannt werden. Während aber die erstere Methode an der Schwierigkeit leidet, dass die vorzunehmenden Operationen (Summierung einer Reihe und der nachherige Grenzenübergang) nur selten ausführbar sind, hat die letztere neben dem Vorzug deutlicher Übersicht der auszuführenden Operationen (welchen sie mit der ersteren gemein hat) den der vielfältigsten Anwendbarkeit. In der That kann die Cauchy'sche Methode die allgemeinste und fruchtbarste aller Methoden der Auswertung bestimmter Integrale genannt werden. Trotzdem aber ist ihr in den meisten Lehrbüchern über Integralrechnung nur verhältnismässig wenig Raum gewährt.

Diese Thatsache, sowie das Interesse, das der Gegenstand an sich verdient, waren es, die es mir als eine dankbare Aufgabe erscheinen liessen: zu zeigen, dass die Cauchy'sche Methode von der grössten Bedeutung für die Theorie der bestimmten Integrale ist, und darauf hinzuweisen, dass ihr bisher nicht derjenige Platz in der Reihe der Verfahren zur Auswertung bestimmter Integrale angewiesen ist, der ihr von rechtswegen gebührt.

Beispiele zur Cauchy'schen Methode finden sich vor allem in der grundlegenden Abhandlung von Cauchy*) selbst, ferner in den Werken von Natani**), Jordan, Bertrand, Briot et Bouquet, Schlömilch, Thomae, Schläfli u. a.

Die in vorliegender Arbeit behandelten Beispiele gehören zum grösseren Teil einer Gruppe von Integralen an, in denen die komplexe Funktion f(z) unter dem Integralzeichen das Produkt aus einer rationalen Funktion und entweder einer Exponentialfunktion oder einer Wurzelfunktion oder eines Logarithmus ist. Die Grenzen der hieher gehörigen Integrale sind im allgemeinen $-\infty$ und $+\infty$ bezw. 0 und $+\infty$. Sodann fand Berück-

*) Cauchy, Mémoire sur les intégrales définies prises entre des limites imaginaires, 1825.

**) Natani, Die Höhere Analysis in 4 Abhandlungen, 1866.

sichtigung eine zweite Gruppe, in der die abgeleiteten reellen Integrale solche von trigonometrischen Funktionen sind; die Grenzen sind hier 0 und 2π bezw. 0 und π. Cauchy selbst hat eine Reihe solcher Beispiele hergeleitet mittels Transformation aus solchen der ersten Gruppe. Es dürfte daher immerhin noch einiges Interesse haben, andere Beispiele von Integralen trigonometrischer Funktionen in einer mehr direkten Behandlung zu geben. Unter die gewählten Beispiele dieser trigonometrischen Integrale sind auch solche aufgenommen worden, die direkt unbestimmt integriert werden können.

Mit der Auswertung dieser Integrale, welche allen wichtigeren, in den Integraltafeln von Bierens de Haan aufgeführten Gruppen angehören und als Vertreter dieser Gruppen gelten können, ist wohl die oben behauptete Fruchtbarkeit und fast allgemeine Anwendbarkeit der Cauchy'schen Methode, sowie — besonders im Hinblick auf die Leichtigkeit, mit der man zum Resultate gelangt — die Überlegenheit derselben über die anderen (indirekten) Methoden nachgewiesen, die — sollen sie zum Ziele führen — vielfach Kunstgriffe erfordern, bei deren Anwendung der Zufall oft eine wesentliche Rolle spielt.

Dass die Cauchy'sche Methode nicht in allen Fällen zum Ziele führt, dafür soll u. a. das Beispiel (21) $\int_0^\infty e^{-x^2} dx$ ein Beleg sein. Da innerhalb des dort gewählten Integrationsgebiets (das wegen der besonderen Beschaffenheit der Funktion e^{-z^2} unter dem Integralzeichen nicht grösser genommen werden kann) und auch auf demselben keine Unstetigkeitspunkte sich befinden, auf deren Vorhandensein ja eben die Auswertung der Integrale beruht, und da ausserdem das Integral über dem ∞ grossen Achtelskreis (wie schon in § 22 gezeigt wurde) gleich Null ist, so ist ohne weiteres ersichtlich, dass unsere Methode im vorliegenden Fall versagen und eine blosse Transformation des gegebenen Integrals auf ein anderes das Ergebnis der Integration sein muss.

Cannstatt, im November 1902.

Eugen Schmid.

§ 1. **Satz.**

Bildet eine geschlossene Linie U die Begrenzung eines Flächenstücks T und wird die komplexe, innerhalb dieses Flächenstücks T und auf der Begrenzung U den Charakter einer einwertigen Funktion*) tragenden Funktion f(z) in einer endlichen Anzahl von Punkten innerhalb dieses Gebietes unstetig, so ist das auf die Begrenzung U erstreckte Integral

$$\int_U f(z)\,dz$$

gleich der Summe der Integrale längs kleiner geschlossener Linien, welche die sämtlichen innerhalb U befindlichen Unstetigkeitspunkte einzeln umgeben, alle Integrale in derselben Richtung genommen**).

---

*) also einer eindeutigen Funktion, die keine anderen als polare Unstetigkeiten besitzt, d. h. Punkte, in denen die Funktion einen unendlich grossen Wert besitzt, der unabhängig ist von dem Wege, auf welchem die Variable zu dem Punkte gelangt.

**) Es ist dieser Satz ein besonderer Fall des folgenden:

„Wenn in irgend einem mehrfach begrenzten Flächenstück T und auf dessen Begrenzung die Funktion f(z) der komplexen Variabeln z synektisch, d. h. endlich, stetig und eindeutig ist, so ist das auf die äussere Begrenzung U erstreckte Integral

$$\int_U f(z)\,dz$$

gleich der Summe der auf die inneren Begrenzungen zu erstreckenden und in demselben Sinne wie ersteres genommenen Integrale, vorausgesetzt, dass beim Umkreisen einer der inneren Begrenzungen der Wert der Funktion nicht geändert wird."

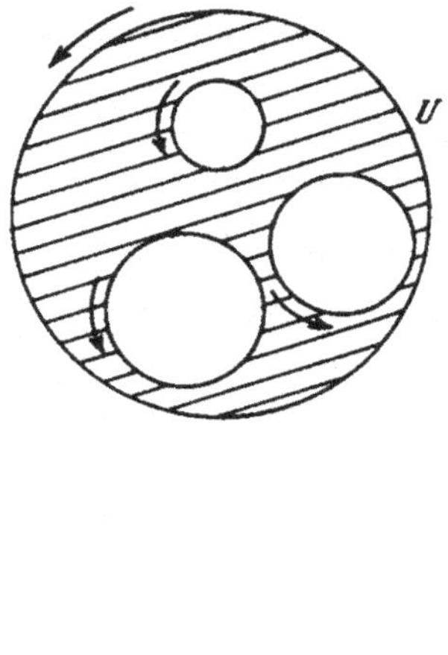

Diese letztere Bedingung ist wesentlich. Sie trifft z. B. nicht zu, wenn innerhalb einer der inneren Begrenzungen sich ein Verzweigungspunkt der Funktion f(z) befindet. Befinden sich innerhalb eines solchen aber zwei derartige Punkte, so kehrt bei besonderer Beschaffenheit der Funktion f(z) beim Umkreisen der fraglichen Begrenzung die Funktion zu ihrem alten Werte wieder zurück und der Satz behält alsdann seine Richtigkeit. Die Funktion f(z) braucht hier also innerhalb der äusseren Begrenzung U nicht notwendig eindeutig zu sein, wie es der obige Satz verlangt, wo jeder der Unstetigkeitspunkte von den inneren Begrenzungen einzeln umgeben wird; sie kann innerhalb der inneren Begrenzungen sehr wohl mehrdeutig sein (s. Beisp. 8, Anm. 2 und Beisp. 39).

§ 2. Es seien α_1, α_2, ... α_n die Punkte innerhalb U, in denen f(z) unstetig ist. Umgeben wir dann jeden dieser Unstetigkeitspunkte mit einem kleinen Kreise vom Radius r, so ist in Bezug auf jeden dieser Kreise, wenn wir

$$z - \alpha = r e^{i\varphi}$$

setzen,

$$\int f(z)\, dz = i \int_0^{2\pi} f(\alpha + r e^{i\varphi}) r e^{i\varphi} d\varphi;$$

also, wenn $\int_U$ sich auf die äussere Begrenzung bezieht, gemäss des obigen Satzes:

$$\int_U f(z)\, dz = i \sum_{p=1}^{p=n} \int_0^{2\pi} f(\alpha_p + r e^{i\varphi}) r e^{i\varphi} d\varphi.$$

Die Funktion $f(\alpha_p + u)$, die für $u = 0$ unstetig wird, lässt sich nun aber in eine nach ganzen positiven und negativen Potenzen von u geordnete Reihe entwickeln zwischen der Peripherie unseres Kreises vom Radius r und derjenigen concentrischen, welche durch den Unstetigkeitspunkt geht, der α am nächsten liegt. Wir betrachten aber r als eine ins Unendliche abnehmende Grösse; damit gilt die Entwicklung

$$f(\alpha_p + u) = \sum_{n=0}^{n=\infty} A_n u^n + \sum_{n=1}^{n=\infty} B_n u^{-n}$$

für alle Werte von z, die im 2. Kreise liegen; somit

$$i \int_0^{2\pi} f(\alpha_p + r e^{i\varphi}) r e^{i\varphi} d\varphi = i \sum_{n=0}^{n=\infty} A_n \int_0^{2\pi} r^{1+n} e^{(1+n)i\varphi} d\varphi + i \sum_{n=1}^{n=\infty} B_n \int_0^{2\pi} r^{1-n} e^{(1-n)i\varphi} d\varphi.$$

Sämtliche Integrale rechts haben Null zur Grenze, mit Ausnahme des mit B_1 multiplizierten:

$$i B_1 \int_0^{2\pi} d\varphi = 2\pi i B_1.$$

Es ist aber B_1 nichts anderes als der Koeffizient von $\frac{1}{u}$ in der Entwicklung von $f(\alpha_p + u)$. Diesen Koeffizienten nennt man nach Cauchy das „Residuum von $f(\alpha_p)$“; wir bezeichnen denselben durch

$$B_1 = \operatorname{Res} f(\alpha_p)$$

und haben damit den für unsere Methode fundamentalen

Satz.

Das über einen gewissen Umfang erstreckte Integral einer Funktion, die innerhalb dieses Umfangs eindeutig, ist gleich der Residuumsumme aller innerhalb dieses Umfangs befindlichen Unstetigkeitspunkte multipliziert mit $2\pi i$:

$$\text{(A)} \quad \ldots\ldots\ldots\ldots \quad \int_U f(z)\,dz = 2\pi i \sum_{p=1}^{p=n} \operatorname{Res} f(\alpha_p).$$

Befindet sich auf dem Umfange selbst ein Unstetigkeitspunkt, so ist für diesen eine Ausbiegung zu machen. Geschieht dieselbe nach innen, so kommt dieser Punkt nicht weiter in Betracht, geschieht sie aber nach aussen, so ist das zugehörige Residuum in die Summe rechts mit aufzunehmen.

§ 3. Für Punkte in der Nachbarschaft eines der Unstetigkeitspunkte α konnten wir entwickeln:

$$f(\alpha + u) = \sum_{n=0}^{n=\infty} A_n u^n + \sum_{n=1}^{n=\infty} B_n u^{-n}.$$

In dieser Entwicklung von $f(\alpha + u)$ ist nun aber die Anzahl der mit negativen Potenzen von u behafteten Glieder immer eine endliche, wenn die Funktion $f(z)$ in $z = \alpha$ unendlich wird: von welcher Seite her die Variable diesem Punkte auch immer sich nähern möge. Eine solche Unstetigkeit wird eine „polare Unstetigkeit" genannt (s. Note *) zu § 1). Wir heissen Punkte, in denen eine solche Unstetigkeit stattfindet, „Pole". Ist nun also α ein Pol, so ist

$$\frac{1}{f(\alpha)} = 0,$$

und die Funktion $\frac{1}{f(z)}$ ist an dieser Stelle vollkommen stetig, also in nächster Nähe von α die Funktion $\frac{1}{f(z)}$ entwickelbar nach ganzen positiven Potenzen von u:

$$\frac{1}{f(\alpha + u)} = a_0 + a_1 u + a_2 u^2 + \ldots$$

Wegen $\frac{1}{f(\alpha)} = 0$ wird aber $a_0 = 0$ sein. Ausserdem kann noch eine beliebige Anzahl von Koeffizienten $a_1, a_2, \ldots$ verschwinden. Nehmen wir an, a_s sei der 1., wo dies nicht stattfinde, so erhalten wir

$$\frac{1}{f(\alpha + u)} = a_s u^s + a_{s+1} u^{s+1} + \ldots,$$

womit

$$f(\alpha + u) = \frac{1}{a_s u^s + a_{s+1} u^{s+1} + a_{s+2} u^{s+2} + \ldots}$$
$$= \frac{1}{u^s} \cdot \frac{1}{a_s + a_{s+1} u + a_{s+2} u^2 + \ldots}$$

oder

$$f(\alpha + u) = \frac{\varphi(u)}{u^s},$$

wo $\varphi(u)$ eine Funktion, die für $u = 0$ stetig bleibt und nicht Null wird; man kann also setzen:

$$\varphi(u) = b_0 + b_1 u + b_2 u^2 + \ldots,$$

woraus sich ergiebt:

$$f(\alpha + u) = \frac{b_0}{u^s} + \frac{b_1}{u^{s-1}} + \ldots + \frac{b_{s-1}}{u} + b_s + b_{s+1} u + b_{s+2} u^2 + \ldots$$

Im Falle eines Pols ist also die Anzahl der mit negativen Potenzen von u multiplizierten Glieder in der That endlich.

Zur Bestimmung der Koeffizienten b schreiben wir obige Gleichung in der Form

$$u^s f(\alpha + u) = b_0 + b_1 u + b_2 u^2 + \ldots$$

Und da $u^s f(\alpha + u)$ in der Nachbarschaft von α endlich und stetig, so ist nach dem Mac-Laurin'schen Satz

$$u^s f(\alpha + u) = v^s f(\alpha + v) + \frac{\partial v^s f(\alpha + v)}{\partial v} \cdot \frac{u}{1!} + \frac{\partial^2 v^s f(\alpha + v)}{\partial v^2} \cdot \frac{u^2}{2!} + \ldots$$

für den Fall, wo v verschwindet. Damit also:

$$b_p = \frac{1}{p!} \cdot \frac{\partial^p [v^s f(\alpha + v)]}{\partial v^p}, \text{ für } v = 0.$$

Setzen wir zur Abkürzung

$$\lim_{v=0} v^s f(\alpha + v) = \psi(\alpha),$$

so erhalten wir den Koeffizienten von $\frac{1}{u}$ in der Entwicklung von $f(\alpha + u)$, d. h. unser Residuum in der Form

$$b_{s-1} = \operatorname{Res} f(\alpha) = \frac{\overset{(s-1)}{\psi}(\alpha)}{(s-1)!};$$

damit aber als Wert unseres Integrals für den Fall von Unstetigkeiten sten Grads:

(B) . . . . $$\int_U f(z)\,dz = 2\pi i \sum_{p=1}^{p=n} \frac{\overset{(s-1)}{\psi}(\alpha_p)}{(s-1)!},\text{*)}$$

wo

$$\psi(\alpha_p) = \lim_{v=0} v^s f(\alpha_p + v).$$

Enthält die Funktion f(z), wie es vielfach der Fall, nur Unstetigkeiten 1. Grads, so brauchen wir nur $s = 1$ zu setzen und erhalten, wenn wir statt v den Buchstaben u verwenden:

$$\operatorname{Res} f(\alpha) = \psi(\alpha) = \lim_{u=0} u f(\alpha + u),$$

und damit als Wert unseres Integrals für den Fall, dass f(z) innerhalb U ausschliesslich Unstetigkeiten 1. Grads besitzt:

(C) . . . . $$\int_U f(z)\,dz = 2\pi i \sum_{p=1}^{p=n} \lim_{u=0} u f(\alpha_p + u).\text{**)}$$

§ 4. Wir entwickeln noch $\operatorname{Res} f(\alpha)$ für den Fall, dass f(z) das Produkt zweier Funktionen F(z) und $\varphi(z)$ ist, also für

$$f(z) = F(z) \cdot \varphi(z).$$

F(z) sei innerhalb unseres Integrationsgebiets durchaus stetig und $\varphi(z)$ eine Funktion, die in diesem Raume eine Reihe von Polen $\alpha_1, \alpha_2, \alpha_3, \ldots$ besitze.

---

*) wo unter 0! — wie allgemein gebräuchlich — die Zahl 1 verstanden wird.

**) Cauchy hat diesen Satz in anderer Weise in seinem Mémoire sur les intégrales définies entre des limites imaginaires (1825) hergeleitet.

Dann gelten die Entwicklungen

$$F(\alpha + u) = a_0 + a_1 u + a_2 u^2 + \ldots = F(\alpha) + \frac{u}{1!} F'(\alpha) + \frac{u^2}{2!} F''(\alpha) + \ldots$$

und

$$\varphi(\alpha + u) = \frac{b_0}{u^s} + \frac{b_1}{u^{s-1}} + \frac{b_2}{u^{s-2}} + \ldots + b_s + b_{s+1} u + b_{s+2} u^2 + \ldots$$

für den Fall, dass $\varphi(z)$ für $z = \alpha$ unendlich wird in s ter Ordnung.

Damit aber

$$f(\alpha + u) = (a_0 + a_1 u + a_2 u^2 + \ldots)\left(\frac{b_0}{u^s} + \frac{b_1}{u^{s-1}} + \frac{b_2}{u^{s-2}} + \ldots\right).$$

Der Koeffizient von $\frac{1}{u}$ in dieser Entwicklung, d. h. das Residuum, lautet daher:

$$\text{Res}\,[F(\alpha) . \varphi(\alpha)] = b_0 a_{s-1} + b_1 a_{s-2} + b_2 a_{s-3} + \ldots + b_{s-1} a_0$$

$$= \sum_{p=1}^{p=s} \frac{\overset{(p-1)}{\psi}(\alpha) . \overset{(s-p)}{F}(\alpha)}{(p-1)!\,(s-p)!}, \quad \text{wo } \psi(\alpha) = \lim_{u=0} u^s \varphi(\alpha + u),$$

und somit

$$\text{(D)} \ldots\ldots \int_U F(z) . \varphi(z)\, dz = 2\pi i \sum_\alpha \sum_{p=1}^{p=s} \frac{\overset{(p-1)}{\psi}(\alpha) . \overset{(s-p)}{F}(\alpha)}{(p-1)!\,(s-p)!},$$

wo das Summenzeichen auf alle Pole α innerhalb des Integrationsgebiets sich bezieht.

Wird $\varphi(z)$ in $z = \alpha$ nur in 1. Ordnung unendlich, ist also $s = 1$ für sämtliche Pole, so haben wir

$$\text{(E)} \ldots\ldots \int_U F(z) . \varphi(z)\, dz = 2\pi i \sum_\alpha F(\alpha) . \psi(\alpha),$$

wo

$$\psi(\alpha) = \lim_{u=0} u\, \varphi(\alpha + u)$$

und das Summenzeichen dieselbe Bedeutung hat wie vorhin.

I. Auswertung von Integralen mit den Grenzen $-\infty$ und $+\infty$ bezw. 0 und $+\infty$.

a) Die Halbebene als Integrationsgebiet.

§ 5. Der geschlossene Umfang, innerhalb dessen unsere Funktion f(z) eindeutig, aber nicht immer stetig ist, sei der Teil der Abscissenachse von Punkt $-R$ bis $+R$, wo R beliebig gross, und der über dem Abstande dieser Punkte als Durchmesser beschriebene, in der oberen Halbebene gelegene Halbkreis H, der also seinen Mittelpunkt im Koordinatenursprung hat. Lässt man dann R ins Unendliche wachsen, so ergiebt sich zufolge Gleichung (A), wenn α_1, α_2, α_3, ... α_n die polaren Unstetigkeitspunkte sind, die sämtlich innerhalb unseres Integrationsgebiets und nicht etwa auf der Umgrenzung desselben — auf der X-Achse — liegen:

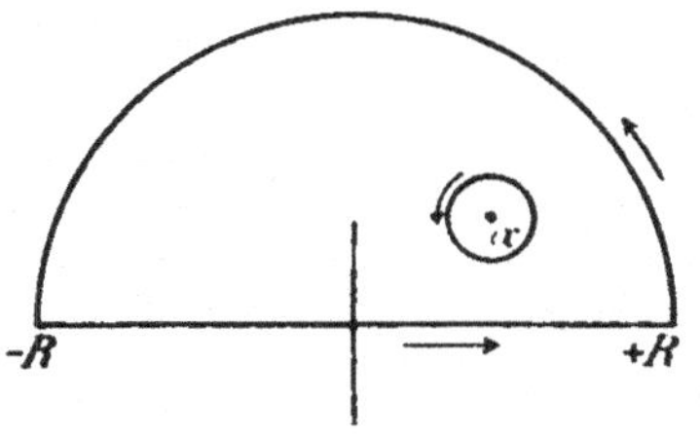

$$\text{(F)} \; \ldots\ldots \lim_{R=\infty}\int_{-R}^{+R} f(x)\,dx + \int_{H\circlearrowleft} f(z)\,dz = 2\pi i \sum_{p=1}^{p=n} \operatorname{Res} f(\alpha_p),$$

wo $\int_{H\circlearrowleft} f(z)\,dz$ das über den unendlich grossen Halbkreis genommene Integral bedeutet.

Reelle Unstetigkeitspunkte.

§ 6. Diese Gleichung (F) gilt gemäss dem Satze in § 1 für den Fall, dass die Funktion $f(z)$ in dem oben definierten Gebiet mit Einschluss der Grenzen selbst, d. h. der X-Achse und dem unendlich grossen Halbkreis der oberen Halbebene, den Charakter einer einwertigen Funktion hat, also eindeutig ist und stetig, ausgenommen in den polaren Unstetigkeitspunkten α innerhalb dieses Gebiets.

Trifft nun aber die geforderte Eindeutigkeit und Endlichkeit der Funktion $f(z)$ in Bezug auf die Grenze der X-Achse nicht zu, besitzt also die Funktion $f(z)$ in einzelnen Punkten dieser Achse „nicht polare" Unstetigkeiten, oder hat sie Verzweigungspunkte, in denen sie endlich oder unendlich wird, oder hat sie polare Unstetigkeiten, in denen sie ihre Eindeutigkeit nicht verliert, so ist darum die Auswertung von $\int_{-\infty}^{+\infty} f(x)\,dx$ mittels der Cauchy'schen Methode keineswegs unmöglich.

Erleidet die Funktion $f(z)$ in einem Punkte der X-Achse eine „nicht polare" Unstetigkeit, oder ist ein Punkt derselben ein Verzweigungspunkt, so ist dieser Punkt einfach durch eine ausschliessende Ausbiegung zu umgehen; behält die Funktion dagegen auf der X-Achse ihre Eindeutigkeit und erleidet sie in einem Punkte derselben eine polare Unstetigkeit, so steht es in unserem Belieben, denselben durch eine ausschliessende oder einschliessende Ausbiegung, die beliebig ist, aber doch so klein, dass sie keinen zweiten Unstetigkeitspunkt umfasst, zu umgehen. Bei Einschluss des Pols in das Integrationsgebiet tritt selbstverständlich das bezügliche, mit $2\pi i$ multiplizierte Residuum zur Summe rechts hinzu. Es geht daraus hervor, dass bei Vorhandensein reeller Unstetigkeitspunkte das gefundene Resultat nur verständlich ist bei Angabe des Wegs, über den das Integral $\int_{-\infty}^{+\infty} f(x)\,dx$ genommen wurde. Unter dem Symbol

$$\int_{-\infty}^{+\infty} f(x)\,dx$$

wäre demnach das über die ganze X-Achse erstreckte Integral zu verstehen, mit Ausnahme derjenigen Teile dieser Achse, die in der Nachbarschaft und zu beiden Seiten der auf der Achse liegenden Unstetigkeitspunkte sich befinden, wo der Weg ins imaginäre Gebiet ausbiegt. So findet sich z. B.

$$\lim_{R=\infty}\int_{-R}^{+R} \frac{x^{2p}}{1-x^{2q}}\,dx = \frac{\pi}{q}\operatorname{ctg}\frac{\pi}{2q}(2p+1) + 2\varrho i \pi, \text{ (für } 2q > 2p+1)$$

wo ϱ eine der Zahlen 0, -1, $+1$ bedeutet, und zwar 0, wenn die beiden, für die reellen

Pole $x = \pm 1$ zu machenden Ausbiegungen (die beliebig sind, aber doch so klein, dass sie keine zweite Wurzel der Gleichung $x^{2q} - 1 = 0$ umschliessen) auf derselben Seite der Abscissenachse gemacht werden; -1, wenn die Ausbiegung für den Pol $x = -1$ auf der positiven Seite, diejenige für $x = +1$ auf der negativen Seite gemacht wird; $+1$, wenn das Entgegengesetzte der Fall ist (s. Beisp. 2 pag. 31 und 32).

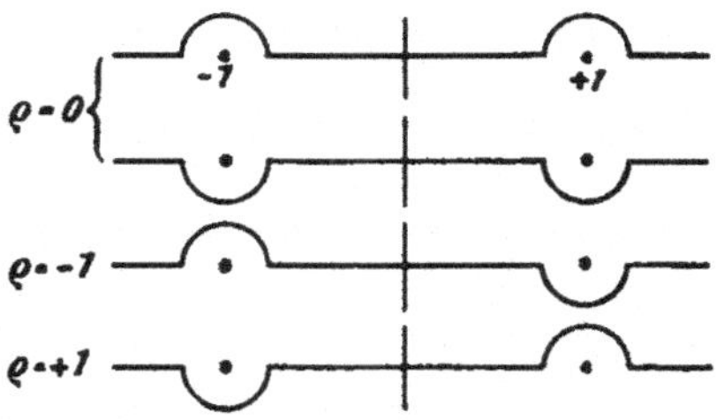

§ 7. Für unseren Zweck ist es nun aber von Vorteil, von dieser Definition keinen Gebrauch zu machen, sondern unser Integral in den Unstetigkeitspunkt (β) hineinzuführen und dasselbe zu definieren durch

$$(1) \quad \ldots\ldots\ldots\ldots \lim_{r_1=0} \int_{-\infty}^{\beta-r_1} f(x)\,dx + \lim_{r=0} \int_{\beta+r}^{+\infty} f(x)\,dx.$$

Indem wir nämlich durch unsere Auffassung von $\int_{-\infty}^{+\infty}$ als Integral, dessen Weg in seiner ganzen Ausdehnung sich auf reelle Punkte beschränkt, das Imaginäre von unserem Integrale fernhalten, können wir im allgemeinen zu $\int_0^{\infty}$ übergehen, während dies bei der anderen Auffassung in den wenigsten Fällen möglich ist.

§ 8. **Cauchy'scher Hauptwert.** Es ist nun aber ohne weiteres einleuchtend, dass dem in den Unstetigkeitspunkt hineingeführten Integral vielfach kein endlicher Wert zukommt; findet dies statt, so bleibt uns noch der Ausweg, zu untersuchen, ob nicht etwa eine Integralfunktion $\int_{-\infty}^{+\infty} f(x)\,dx$, für welche wir r und r_1 in bestimmter Abhängigkeit zueinander stehen lassen, also z. B. $r = r_1$ voraussetzen, einen endlichen Wert hat. In der That kommt es häufig vor, dass, wenn auch obige Grenzen unter (1) nicht existieren, doch

$$(1\text{a}) \quad \ldots\ldots\ldots\ldots \lim_{r=0} \left[\int_{-\infty}^{\beta-r} f(x)\,dx + \int_{\beta+r}^{+\infty} f(x)\,dx \right]$$

einen endlichen und bestimmten Grenzwert besitzt*). Es ist dies bekanntlich der **Cauchy'sche Hauptwert**; wir bezeichnen ihn fernerhin kurz mit: Hptw. $\int f(x)\,dx$.

In unserer Formel (F) [§ 5] ist das 1. Integral auf der linken Seite auch weiter nichts als der Hauptwert von $\int_{-\infty}^{+\infty} f(x)\,dx$; denn unter $\int_{-\infty}^{+\infty} f(x)\,dx$ versteht man den Grenzwert, welchem sich das vorerst zwischen den endlichen Grenzen $-p$ und $+q$ genommene Integral $\int_{-p}^{+q} f(x)\,dx$ nähert, wenn beide Integrationsgrenzen **unabhängig** voneinander ins Unendliche wachsen. Bei der oben durchgeführten Integration aber wachsen sie ins Unendliche in der Weise, dass sie beständig gleich und von entgegengesetztem Zeichen

---

*) In welchen Fällen dies zutrifft, darüber spricht sich der Satz in § 10 aus.

sind; $\lim\limits_{R=\infty}\int\limits_{-R}^{+R} f(x)\,dx$ ist also in der That nichts anderes als der Hauptwert von $\int\limits_{-\infty}^{+\infty} f(x)\,dx$, der einen endlichen Wert haben kann, während $\lim\limits_{p,q=\infty}\int\limits_{-p}^{+q} f(x)\,dx$ sinnlos ist.

Was nun die für einen reellen Unstetigkeitspunkt (β) zu machende unendlich kleine Ausbiegung ins imaginäre Gebiet betrifft, so ist es eben mit Rücksicht auf die Existenz des Cauchy'schen Hauptwerts*), vor allem aber mit Rücksicht auf die vielfach damit verbundene Möglichkeit der Auswertung von Integralen mit anderen Grenzen [z. B. 0 und $+\infty$ (Beisp. 8)] von Vorteil, diese Ausbiegung eine kreisförmige sein zu lassen**). Auf diese Art der Ausbiegung wird man übrigens schon hingewiesen durch die Annahme des aus dem Koordinatenursprung beschriebenen ∞ grossen Halbkreises, der — wenn man die Riemann'sche Vorstellung der unendlichen Ebene als einer Kugel mit unendlich grossem Radius zu Grunde legt — ja auch nichts anderes ist als der aus dem ∞ fernen Punkt der X-Achse beschriebene ∞ kleine Halbkreis.

Der Grenzwert des Integrals des über den Punkten $\beta - r$ und $\beta + r$ beschriebenen Halbkreises kann Null, endlich oder ∞ sein (s. § 11).

Ist der reelle Unstetigkeitspunkt ein Pol der auf der X-Achse eindeutig bleibenden Integralfunktion f(z), so kann dieser durch eine ∞ kleine halbkreisförmige Ausbiegung entweder in das Integrationsgebiet ein- oder aber von demselben ausgeschlossen werden. Bei Einschluss desselben in das Integrationsgebiet liefert die gemachte halbkreisförmige Ausbiegung links einen Beitrag $= \pi i \operatorname{Res} f(p)$ [s. § 11] — sofern dieser überhaupt ein endlicher ist — und es ist also der Residuumsumme rechts das mit πi, statt mit $2\pi i$ multiplizierte Residuum beizufügen. Dasselbe findet aber auch statt im Falle, dass wir β ausschliessen; denn der Wert des Integrals über diese Ausbiegung $[-\pi i \operatorname{Res} f(\beta)]$ tritt, mit dem Pluszeichen versehen, zur Summe rechts hinzu. Mag also ein derartiger Pol ein- oder ausgeschlossen werden: wir erhalten beidemale dasselbe Resultat.

Ist der reelle Unstetigkeitspunkt ein Verzweigungspunkt der Funktion f(z), geht also ausser der Stetigkeit auch die Eindeutigkeit verloren, so ist es zweckmässig, denselben auszuschliessen [s. Beisp. 8, Anm. 2]. In der Bestimmung des Grenzwerts von (1) bezw. (1 a) aber wird, trotz des Hineinführens des Integrals in den Verzweigungspunkt, keine Unbestimmtheit herbeigeführt, wenn wir diese Lage des Wegs als Grenzlage eines den Verzweigungspunkt nicht treffenden Wegs betrachten.

Die Annahme der für einen reellen Unstetigkeitspunkt (β) zu machenden halbkreisförmigen Ausbiegung bedingt nun aber notwendig die Auffassung unseres Integrals längs der X-Achse als

$$\lim_{\substack{R=\infty\\ r=0}}\left[\int_{-R}^{\beta-r} f(x)\,dx + \int_{\beta+r}^{+R} f(x)\,dx\right].$$

In unserer Formel (F) ist demnach

$$\lim_{R=\infty}\int_{-R}^{+R} f(x)\,dx$$

und, im Falle eines reellen Unstetigkeitspunkts (β),

*) der freilich an und für sich von geringem wissenschaftlichem Interesse ist.

**) oder wenigstens eine solche, die das in den Pol β hineingeführte Integral durch Gleichung (1 a) definieren lässt.

$$\lim_{\substack{R=\infty \\ r=0}} \left[\int_{-R}^{\beta - r} f(x)\,dx + \int_{\beta + r}^{+R} f(x)\,dx \right]$$

so lange als blosser Hauptwert anzusehen, als nicht nachgewiesen ist, dass

$$\lim_{p,\,q=\infty} \int_{-p}^{+q} f(x)\,dx \quad \text{bezw.} \quad \lim_{\substack{R=\infty \\ r,\,r_1=0}} \left[\int_{-R}^{\beta - r_1} f(x)\,dx + \int_{\beta + r}^{+R} f(x)\,dx \right]$$

einen endlichen Grenzwert hat. Erst nachdem gezeigt worden ist, dass dieser Grenzwert — eventuell unter Festsetzung bestimmter beschränkender Bedingungen — existiert, kann die Bezeichnung „Hauptwert" weggelassen werden.

§ 9. Konvergenz des Integrals längs der X-Achse. Eine der wichtigsten Fragen, die uns bei Auswertung von Integralen mit den Grenzen $-\infty$ und $+\infty$, insonderheit solchen mit reellen Unstetigkeitspunkten (β) beschäftigt, ist die bezüglich der Existenz des Grenzwerts von

$$\lim_{\substack{R=\infty \\ r,\,r_1=0}} \left[\int_{-R}^{\beta - r_1} f(x)\,dx + \int_{\beta + r}^{+R} f(x)\,dx \right].$$

Aus der Reihe von Sätzen, die uns bei diesen Untersuchungen zu Gebote stehen, heben wir — neben dem Fundamentalprinzip der Infinitesimalrechnung, vermöge dessen eine veränderliche Grösse notwendig einer Grenze sich nähern muss, sofern ihre Veränderung, abgesehen vom Zeichen, zuletzt nicht mehr ein beliebig kleines Quantum σ zu überschreiten vermag — die beiden folgenden, leicht zu beweisenden, auch für transscendente Funktionen geltenden Sätze hervor:

1. Das Integral $\int_a^b f(x)\,dx$ ist konvergent, trotzdem f(x) innerhalb der Integrationsgrenzen unendlich wird, wenn die Funktion f(x) in dem Unstetigkeitspunkte von **niederer Ordnung als der 1ten** unendlich ist; es ist dagegen divergent, wenn f(x) in diesem Punkte von der 1ten oder von höherer Ordnung unendlich ist*).

2. Das Integral $\int_a^\infty f(x)\,dx$ ist konvergent, wenn für $x = \infty$ die Funktion f(x) eine unendlich kleine Grösse ist von **höherer Ordnung als der 1ten;** es ist dagegen divergent, wenn f(x) von der 1ten oder von niederer Ordnung unendlich klein ist**).

---

*) Es kann dieser Satz auch so ausgedrückt werden: Existiert eine reelle Grösse μ, so dass $\lim\limits_{x=\beta} (x-\beta)^\mu f(x) = \psi(x)$, wo $\psi(x)$ eine Funktion, die für $x=\beta$ gegen eine endliche und von Null verschiedene Grösse konvergiert, so ist das Integral konvergent, wenn $\mu < 1$; es ist dagegen divergent, wenn $\mu \gtrless 1$.

**) Es kann dieser Satz auch so ausgedrückt werden: Existiert eine reelle Grösse μ, so dass $\lim\limits_{x=\infty} x^\mu f(x) = \psi(x)$, wo $\psi(x)$ eine Funktion, die für $x=\infty$ gegen eine endliche und von Null verschiedene Grösse konvergiert, so ist das Integral konvergent, wenn $\mu > 1$; es ist dagegen divergent, wenn $\mu \lessgtr 1$.

§ 10. Kann das Integral nicht in den auf dem Integrationsweg gelegenen singulären Punkt hineingeführt werden, so untersuchen wir, ob nicht etwa der Hauptwert existiert. In welchen Fällen dies zutrifft, besagt der folgende

Satz.

Hat das über die halbkreisförmige Ausbiegung eines reellen Unstetigkeitspunkts erstreckte Integral einen endlichen Grenzwert oder Null zur Grenze, so existiert — wenn auch $\lim\limits_{r_1=0}\int_{-\infty}^{\beta-r_1} f(x)\,dx$ und $\lim\limits_{r=0}\int_{\beta+r}^{+\infty} f(x)\,dx$ nicht existieren — stets der Hauptwert

$$\lim_{r=0}\left[\int_{-\infty}^{\beta-r} f(x)\,dx + \int_{\beta+r}^{+\infty} f(x)\,dx\right]^{*)}.$$

*) Beweis. Beschreibt man aus $z = \beta$ die beiden in der oberen Halbebene gelegenen Halbkreise h und h_1 mit den resp. Radien r und s (wo $r > s$ sein soll), so ist das Integral über den Umfang des so erhaltenen Ringausschnitts, wenn wir annehmen, dass innerhalb desselben kein singulärer Punkt sich befindet, gleich Null, d. h.:

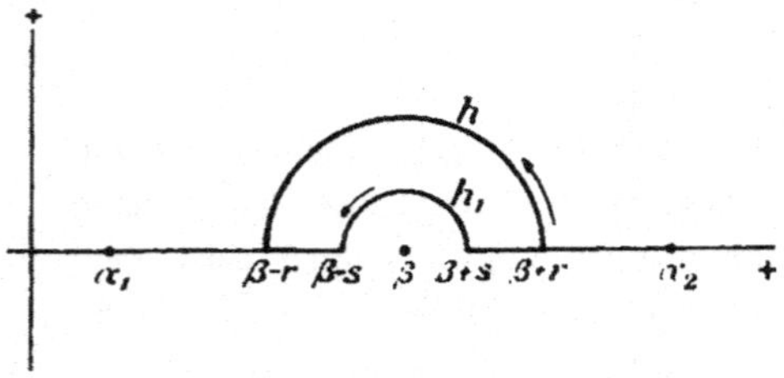

$$\int_{h} + \int_{\beta-r}^{\beta-s} + \int_{h_1} - \int_{\beta+s}^{\beta+r} = 0.$$

Der gemachten Voraussetzung zufolge aber

$$\lim_{r,\,s=0}\left[\int_{h} - \int_{h_1}\right] = 0,$$

womit

$$(*) \quad \ldots\ldots\ldots\ldots \quad \lim_{r,\,s=0}\left[\int_{\beta-r}^{\beta-s} + \int_{\beta+s}^{\beta+r}\right] = 0.$$

Bedeuten nun α_1 und α_2 zwei beliebige Punkte der X-Achse zu beiden Seiten von $x = \beta$ und setzen wir

$$\int_{\alpha_1}^{\beta-r} + \int_{\beta+r}^{\alpha_2} = \psi(r),$$

so existiert $\lim\limits_{r=0}\psi(r)$, wenn $\lim\limits_{s,\,r=0}[\psi(s) - \psi(r)] = 0$.

Aber

$$\lim_{s,\,r=0}[\psi(s) - \psi(r)] = \lim_{s,\,r=0}\left[\int_{\beta-r}^{\beta-s} + \int_{\beta+s}^{\beta+r}\right].$$

Dieser Grenzwert aber gemäss Gleichung $(*) = 0$; es existiert also in der That $\lim\limits_{r=0}\psi(r)$, d. h. der Hauptwert †).

†) Ich verdanke diesen Beweis der gütigen Mitteilung des Herrn Prof. Dr. O. Hölder in Tübingen (1892).

§ 11. Konvergenz des Integrals über die Ausbiegung eines reellen Unstetigkeitspunkts und des Integrals über den ∞ grossen Halbkreis.

An vorstehenden Satz reiht sich naturgemäss die Frage an, wie die Funktion $f(z)$ beschaffen sein muss, damit das über die halbkreisförmige Ausbiegung eines reellen Unstetigkeitspunkts erstreckte Integral als Grenzwert einen endlichen Wert oder Null zur Grenze hat.

Wir treffen die Annahme, dass für die Punkte in der Nachbarschaft des singulären Punkts β die Entwicklung gelten soll:

$$f(z) = \sum \frac{B}{(z-\beta)^{\mu}} + \psi(z),$$

wo die Exponenten μ reelle konstante Grössen sind > 0 und $\psi(z)$ eine Funktion ist, die für $z = \beta$ endlich und stetig ist. Unser schliessliches Resultat erhält nun aber eine kürzere und übersichtlichere Fassung, wenn wir die Glieder, deren $\mu \gtrless {0 \atop 1}$ aus der Summe rechts ausscheiden und zum 2ten Teile nehmen; damit können wir anstatt obiger, sonst gebräuchlichen Entwicklung von $f(z)$ schreiben

$$f(z) = \sum \frac{B}{(z-\beta)^{\mu}} + \psi(z),$$

wo $\mu \gtreqless 1$ und $\lim\limits_{z=\beta} (z-\beta)\,\psi(z) = 0.$

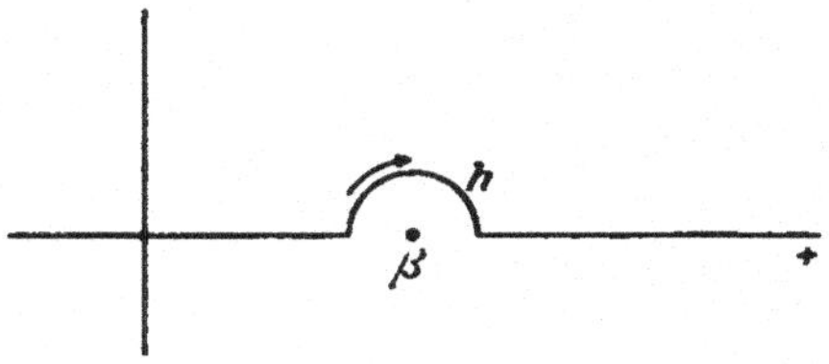

Setzen wir dann

$$z - \beta = r e^{i\varphi},$$

so wird

$$\int\limits_{h} f(z)\,dz = i \sum B \int\limits_{\pi}^{0} r^{1-\mu} e^{(1-\mu)i\varphi}\, d\varphi + i \int\limits_{\pi}^{0} (z-\beta)\,\psi(z)\, d\varphi.$$

Der Grenzwert des Integrals rechts ist für verschwindendes r gleich Null.

Die Summe der Integrale rechts wird gleich Null sein, wenn sämtliche $\mu > 1$ und ungerade ganze Zahlen sind; gleich einer Konstanten, wenn das Glied mit $\mu = 1$ vorhanden, die übrigen μ aber, wie vorhin, ungerade ganze Zahlen sind, und zwar ist dieser konstante Wert $= -i\pi B$, wo B der Koeffizient des Glieds $\frac{1}{z-\beta}$ in der Entwicklung von $f(z)$. In jedem andern Fall ist diese Summe $= \infty$ und somit auch $\int\limits_{h} f(z)\,dz = \infty$. Wir fassen dieses Ergebnis zusammen in dem

Satz.

Der Grenzwert des Integrals über die unendlich kleine halbkreisförmige Ausbiegung eines reellen Unstetigkeitspunkts ist gleich Null oder gleich dem Wert $-i\pi B$, wo B der Koeffizient des Glieds $\frac{1}{z-\beta}$ in der Entwicklung von $f(z)$, — dies letztere findet statt für den Fall, dass das Glied $\frac{B}{z-\beta}$ vorhanden — wenn die Exponenten von $\sum \frac{B}{(z-\beta)^{\mu}}$, wo $\mu \gtreqless 1$, ungerade ganze Zahlen sind; in jedem andern Fall dagegen wird $\int\limits_{h} f(z)\,dz = \infty$.

Anmerkung. Es verdient besonders hervorgehoben zu werden, dass das Integral über den unendlich kleinen Halbkreis eines Verzweigungspunkts, in welchem die Funktion f(z) höchstens von der Ordnung $\frac{m-1}{m}$ unendlich ist [und folglich $\lim\limits_{z=\beta}(z-\beta)f(z)=0$ ist und sämtliche $\mu=0$ sind], Null zur Grenze hat. — Im Falle eines Unstetigkeitspunkts, der kein Verzweigungspunkt, wird das Integral jedesmal dann unbestimmt, wenn in der Entwicklung von f(z) Potenzen sich befinden, deren Exponenten gerade (ganze) Zahlen sind.

Das Integral über den unendlich grossen Halbkreis. Ein ähnlicher Satz wie der obige lässt sich in Bezug auf das Integral über den unendlich grossen Halbkreis beweisen:

Für unendlich grosse z soll gelten:

$$f(z)=\sum Cz^{\nu}+\sum\frac{D}{z^{\lambda}},$$

wo die Exponenten ν und λ reelle konstante Grössen >0. Es ist nun aber auch hier, aus denselben Gründen wie oben, von Vorteil, statt dieser Entwicklung zu setzen

$$f(z)=\sum Cz^{\nu}+\psi_1(z),$$

$$\text{wo } \nu \gtreqless -1 \text{ und } \lim_{z=\infty} z\,\psi_1(z)=0.$$

Setzen wir dann

$$z=Re^{i\varphi},$$

so wird

$$\int\limits_H f(z)\,dz=i\sum C\int\limits_0^{\pi} R^{1+\nu}e^{(1+\nu)i\varphi}d\varphi+i\int\limits_0^{\pi} z\,\psi_1(z)\,d\varphi.$$

Der Grenzwert des Integrals rechts ist für unendlich grosses R gleich Null.

Die Summe der Integrale rechts wird für unendlich grosses R gleich Null sein, wenn sämtliche $\nu>-1$ und ungerade ganze Zahlen sind; gleich einer Konstanten, wenn das Glied mit $\nu=-1$ vorhanden, die übrigen ν aber, wie vorhin, ungerade ganze Zahlen sind, und zwar ist dieser konstante Wert $=i\pi C$, wo C der Koeffizient des Glieds $\frac{1}{z}$ in der Entwicklung von f(z) ist. In jedem andern Falle ist diese Summe $=\infty$ und somit auch $\int\limits_H f(z)\,dz=\infty$. Wir fassen dieses Ergebnis zusammen in dem

Satz.

Der Grenzwert des Integrals über den unendlich grossen Halbkreis ist gleich Null oder gleich dem Wert $i\pi C$, wo C der Koeffizient des Glieds $\frac{1}{z}$ in der Entwicklung von f(z), — dies letztere findet statt für den Fall, dass das Glied $\frac{C}{z}$ vorhanden — wenn die Exponenten von ΣCz^{ν}, wo $\nu \gtreqless -1$, ungerade ganze Zahlen sind; in jedem andern Fall dagegen wird $\int\limits_H=\infty$.

Es geben uns diese beiden Sätze einen erwünschten Einblick in das Verhalten der Integrale über die unendlich kleinen halbkreisförmigen Ausbiegungen einer wichtigen Klasse reeller Singularitäten, bezw. in das Verhalten des Integrals über den unendlich grossen Halbkreis.

§ 12. Zusammenfassung. Der Gang der Untersuchung der Integrale mit reellen Unstetigkeitspunkten ist nun der, dass wir auf die früher angegebene Weise feststellen, ob das Integral in einen solchen Punkt hineingeführt werden kann. Ist dies der Fall, so ist noch das Integral über die unendlich kleine halbkreisförmige Ausbiegung dieses Punkts zu untersuchen. Ist dies aber nicht der Fall, so wird nachgesehen, ob nicht etwa der Hauptwert existiert, was stattfindet, wenn der Wert des Integrals über die gemachte unendlich kleine Ausbiegung Null oder endlich ist (§ 10). Unter welcher Bedingung aber der Grenzwert des Integrals über die Ausbiegung eines solchen Unstetigkeitspunkts Null ist, darüber giebt uns der folgende allgemein gültige Satz Aufschluss.

§ 13. **Satz.**

Das Integral $\int_h f(z)dz$, genommen über einen aus dem reellen Unstetigkeitspunkt β beschriebenen unendlich kleinen Halbkreis h, wird, welches auch die Funktion f(z) sein mag, Null zur Grenze haben, wenn

$$\lim_{z=\beta}(z-\beta)\,f(z) = 0^{*)}$$

(s. auch den Satz in § 11).

Anmerkung. Wie man leicht sieht, braucht der Unstetigkeitspunkt nicht notwendig ein „reeller" zu sein. In der That werden wir bei der Integration über den Quadranten und den Sektor vielfach Gelegenheit haben, diesen Satz auf die Ausbiegungen nicht reeller Unstetigkeitspunkte anzuwenden.

Ferner ist hervorzuheben, dass der Satz auch gilt für den ganzen aus dem Unstetigkeitspunkt β beschriebenen, unendlich kleinen Kreis, wofern $\lim_{z=\beta}(z-\beta)f(z) = 0$ für den ganzen Kreis stattfindet. Für den Fall des wesentlich singulären Punkts trifft diese Bedingung stets nur für einen Teil des Kreises zu; der aus derselben gezogene Schluss hinsichtlich des Nullseins des Integrals gilt dann soweit eben unsere Bedingung statt hat.

Bei der Untersuchung des Integrals über den unendlich grossen Halbkreis dagegen machen wir fast ausschliesslich und mit grossem Vorteil von folgendem allgemein gültigen Satze Gebrauch:

---

*) Beweis. Ist M das Maximum des Modulus von $(z-\beta)f(z)$ auf dem aus $z=\beta$ beschriebenen Halbkreis vom Radius r, so ist

$$\mathrm{mod}\, f(z) \overline{\overline{<}} \frac{M}{\mathrm{mod}(z-\beta)} \overline{\overline{<}} \frac{M}{r},$$

damit, weil $\mathrm{mod}\, dz = r\,d\varphi$:

$$\mathrm{mod}\int_h f(z)\,dz \overline{\overline{<}} \pi M.$$

Nach Voraussetzung aber $\lim_{r=0} M = 0$, daher auch

$$\lim_{r=0}\int_h f(z)\,dz = 0.$$

§ 14. **Satz.**

Das Integral $\int_H f(z)dz$, genommen über einen aus dem Ursprung beschriebenen unendlich grossen Halbkreis H, wird, welches auch die Funktion f(z) sein mag, Null zur Grenze haben, wenn

$$\lim_{z=\infty} z f(z) = 0\text{*)}$$

(s. auch den Satz in § 11).

Anmerkung. Auch für diesen Satz gilt das im 2ten Teil der Anmerkung zum vorigen Satze Gesagte.

§ 15. Wir lassen diesem Satze gleich eine Anwendung folgen:
Sei

$$f(z) = e^{ciz} . \varphi(z), \text{ wo c positiv reell.}$$

Bezüglich $\varphi(z)$ soll vorerst keine weitere Annahme getroffen werden als die, dass für die Punkte unseres mit dem beliebig grossen Radius R aus dem Ursprung beschriebenen Halbkreises Max. mod $\varphi(z)$ gleich der endlichen Grösse ϱ sei. Alsdann ist, wenn $z = Re^{i\varphi}$ gesetzt wird, in Bezug auf den Halbkreis

$$\text{mod}\, z f(z) \overline{\overline{<}} Re^{-cR\sin\varphi} . \varrho.$$

Dieser Modulus kann nun offenbar bei hinreichend grossem R für alle φ gleichzeitig — $\varphi = 0$ und $\varphi = \pi$ miteingeschlossen — unter eine beliebig kleine Grenze herabgedrückt werden nur dann, wenn der Modulus ϱ für unendlich grosse z eine unendlich kleine Grösse ist von höherer Ordnung als der 1ten**). Unter dieser Bedingung ist also $\lim_{z=\infty} z f(z) = 0$ und somit auch $\int_H e^{ciz} \varphi(z) dz = 0$.

Es ist nun aber keineswegs ausgeschlossen, dass unser Integral nicht auch Null zur Grenze habe für Funktionen $\varphi(z)$, die für unendlich grosse z unendlich klein von der 1ten Ordnung oder gar von niederer Ordnung sind. In der That lässt sich zeigen, dass $\int_H e^{ciz} \varphi(z) dz$ Null zur Grenze hat, wenn nur $\varphi(z)$ der Bedingung genügt, dass es für unendlich grosse z verschwindet. Ist nämlich ϱ das Maximum von mod $\varphi(z)$ auf unserem Halbkreis mit dem Radius R, so ist, wenn wir setzen

$$z = Re^{i\varphi},$$

$$\text{mod}\, e^{ciz} = \text{mod}\, e^{icRe^{i\varphi}} = e^{-cR\sin\varphi},$$

---

*) Beweis. Ist M das Maximum des Modulus von z f(z) auf dem Halbkreis vom Radius R, so ist

$$\text{mod}\, f(z) \overline{\overline{<}} \frac{M}{R},$$

damit, weil mod dz = R dφ:

$$\text{mod} \int_H f(z)\, dz \overline{\overline{<}} \pi M.$$

Nach Voraussetzung aber $\lim_{R=\infty} M = 0$, daher auch

$$\lim_{R=\infty} \int_H f(z)\, dz = 0.$$

**) Bei Nichtberücksichtigung der beiden Endpunkte unseres Halbkreises kommen wir zu dem falschen Resultate, dass $\varphi(z)$ für unendlich grosse z selbst unendlich gross sein darf und zwar von jeder beliebigen endlichen Ordnung.

ferner

$$\operatorname{mod} dz = R\,d\varphi;$$

damit

$$\operatorname{mod} \int_H e^{ciz} \varphi(z)\,dz \overset{=}{<} \varrho \int_0^{\pi} R\,e^{-cR\sin\varphi}\,d\varphi.$$

Nun aber für Werte von φ zwischen 0 und $\frac{\pi}{2}$

$$\sin\varphi \overset{=}{>} \frac{2\varphi}{\pi},$$

daher

$$\operatorname{mod} \int_H e^{ciz} \varphi(z)\,dz \overset{=}{<} 2\varrho \int_0^{\frac{\pi}{2}} R\,e^{-\frac{2cR}{\pi}\varphi}\,d\varphi\,.$$

$$\overset{=}{<} \frac{\pi\varrho}{c}\left(1 - e^{-cR}\right).$$

Für $c > 0$, $R = \infty$ und der ferneren Voraussetzung, dass ϱ für unendliche grosse z verschwindet, verschwindet auch dieser Ausdruck, d. h. es ist das Integral über den unendlich grossen Halbkreis der oberen Halbebene $\int_H e^{ciz} \varphi(z)\,dz = 0$, wenn $\varphi(z)$ für unendlich grosse z verschwindet (s. Beisp. 5). Dieser Satz gilt natürlich auch für das Integral über den unendlich grossen Halbkreis der unteren Halbebene; nur hat dann zu sein $c < o$ (s. Beisp. 6 und 7).

Die untere Halbebene als Integrationsgebiet.

§ 16. Die Grundbedingung für die Gültigkeit der Formel (F) (§ 5), die sich auf die Auswertung von Integralen mit den Grenzen $-\infty$ und $+\infty$ bezieht, ist die Einwertigkeit der Funktion f(z) innerhalb des Integrationsgebiets, mit Einschluss der Grenzen selbst. Wir liessen dasselbe bis jetzt die obere Halbebene sein. Ist die untere Halbebene frei von Verzweigungspunkten (welche die Eindeutigkeit aufheben), so können wir auch diese als Integrationsgebiet wählen (s. Beisp. 8, Anm. 1). Das Summenzeichen rechts bezieht sich alsdann selbstverständlich auf alle Pole α, deren mit i multiplizierter Teil negativ ist; ausserdem sind sämtliche Summenglieder rechts mit entgegengesetztem Zeichen zu versehen. An Stelle von Formel (F) tritt also die Formel:

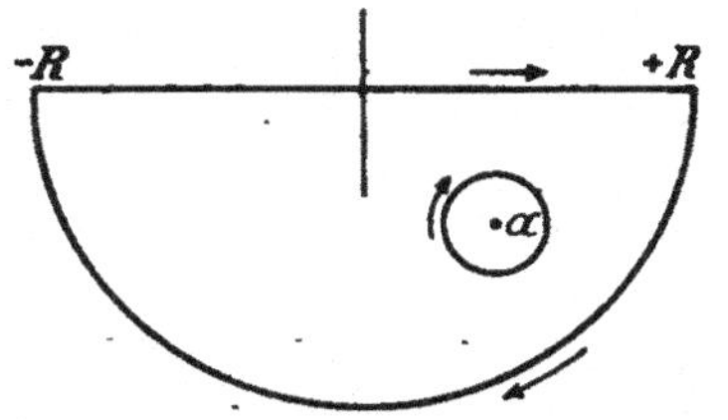

$$(F_1) \quad \ldots \quad \lim_{R=\infty} \int_{-R}^{+R} f(x)\,dx + \int_{H\circlearrowright} f(z)\,dz = -2\pi i \sum_{p=1}^{p=n} \operatorname{Res} f(\alpha_p),$$

wo $\int_{H\circlearrowright} f(z)\,dz$ das über den unendlich grossen Halbkreis der unteren Halbebene genommene Integral bedeutet.

Wir greifen jedesmal dann zur unteren Halbebene als Integrationsgebiet, wenn die Funktion f(z) ihre Pole ausschliesslich in diesem Teile der Ebene liegen hat; denn eben aus den Werten, die das Integral erhält, wenn man es um die Pole herumführt, setzt sich der Wert des Integrals über den geschlossenen Umfang zusammen.

Befinden sich ferner in der oberen Halbebene Singularitäten, durch deren Vorhandensein die Eindeutigkeit verloren geht, in der unteren dagegen nicht, so ist es zweckmässig, diese letztere als Integrationsgebiet zu wählen, oder aber können wir dazu gezwungen sein [s. Fussnote**) zu § 1] (s. Beisp. 6, 7, 15, 16).

Ist endlich die Funktion unter dem Integralzeichen von der Art, dass sie in beiden Halbebenen Unstetigkeitspunkte besitzt, durch welche die Eindeutigkeit verloren geht, so wird eine Integration zwischen den Grenzen $-\infty$ und $+\infty$ noch möglich sein, wenn die Funktion sich in 2 Terme zerlegen lässt, wovon jeder diese Art singulärer Punkte ausschliesslich in der einen oder anderen der beiden Halbebenen liegen hat (s. Beisp. 16).

Auswertung von Integralen mit den Grenzen 0 und $+\infty$ durch Übergang von $\int_{-\infty}^{+\infty}$.

§ 17. Um Integrale mit den Grenzen 0 und $+\infty$ auszuwerten, erinnere man sich an die Formel

$$\int_{-\infty}^{+\infty} f(x)\,dx = \int_{0}^{\infty} [f(x) + f(-x)]\,dx.$$

Dieser Übergang wird stets möglich sein und bringt keinerlei Schwierigkeiten.

Es lassen sich so aus Integralen zwischen den Grenzen $-\infty$ und $+\infty$, die also mittels Integration über den unendlich grossen, geschlossenen Halbkreis gewonnen wurden, leicht ebensoviele Integrale mit den Grenzen 0 und $+\infty$ herleiten.

§ 18. Die Aufgabe, die wir uns stellen, besteht nun aber weniger darin, Integrale mit bestimmten Grenzen „überhaupt" — im gegenwärtigen Falle mit den Grenzen 0 und $+\infty$ — mittels der Cauchy'schen Methode darzustellen; sie soll vielmehr die sein: ein vorgelegtes Integral womöglich auf direkte Weise auszuwerten.

Können wir nun, so fragt es sich, mittels Übergang von $\int_{-\infty}^{+\infty}$ stets zur vorgelegten Form gelangen? Ein Beispiel wird uns diese Frage beantworten.

Die Funktion unter dem Integralzeichen soll sein

$$z^{a-1}\varphi(z),$$

wo $\varphi(z)$ eine rationale Funktion ist, die innerhalb des Integrationsgebiets, das wir die obere Halbebene sein lassen, 1 oder mehrere Pole haben mag. Schreiben wir dann den Punkten des positiven Zweigs der X-Achse die positiven reellen Funktionswerte der vieldeutigen Funktion z^{a-1} zu, so entsprechen denen des negativen Zweigs dieser Achse die Werte $x^{a-1}e^{i\pi(a-1)}$. Ist sodann $\varphi(z)$ eine gerade Funktion, so ist $\varphi(x) = \varphi(-x)$, und wir erhalten

$$\int_{-\infty}^{+\infty} x^{a-1}\varphi(x)\,dx = -e^{i\pi a}\int_{0}^{\infty} x^{a-1}\varphi(x)\,dx + \int_{0}^{\infty} x^{a-1}\varphi(x)\,dx = (1-e^{i\pi a})\int_{0}^{\infty} x^{a-1}\varphi(x)\,dx.$$

Wir gelangen demnach zur Darstellung von $\int_{0}^{\infty}$, selbst wenn $\varphi(x)$ Konstanten enthält, die imaginär sind (s. Beisp. 9 und 10).

Ist $\varphi(z)$ weder eine gerade noch eine ungerade Funktion, so geht $\varphi(x)$ für negative x über in $\varphi(-x)$, und wir haben

$$\int_{-\infty}^{+\infty} x^{a-1}\varphi(x)\,dx = -e^{i\pi a}\int_0^{\infty} x^{a-1}\varphi(-x)\,dx + \int_0^{\infty} x^{a-1}\varphi(x)\,dx = 2\pi i \sum \text{Res} + \ldots$$

Enthält dann $\varphi(x)$ keine imaginären Konstanten, sind also die Elemente des Integrals $\int_0^{\infty} x^{a-1}\varphi(x)\,dx$ alle reell, so wird eine Trennung immer noch möglich sein: Durch Gleichsetzung der imaginären Bestandteile ergiebt sich der Wert für $\int_0^{\infty} x^{a-1}\varphi(-x)\,dx$, und damit erhalten wir auch den Wert des vorgelegten Integrals $\int_0^{\infty} x^{a-1}\varphi(x)\,dx$ (s. Beisp. 8).

Enthält dagegen — immer noch unter der Voraussetzung, dass $\varphi(z)$ eine Funktion ist, die weder gerade noch ungerade — $\varphi(x)$ imaginäre Konstanten, enthält z. B. $\varphi(x)$ den Faktor $\frac{1}{b+ix}$, wo b reell ist, so gelingt die Trennung nicht mehr, und es bleibt uns nur der Ausweg, als Integrationsgebiet den Quadranten zu wählen, wodurch das auszuwertende Integral eventuell ausgedrückt werden kann durch ein solches mit einer Funktion unter dem Integralzeichen, die reelle Konstanten besitzt, und dessen Auswertung durch Übergang von $\int_{-\infty}^{+\infty}$ möglich ist (s. Beisp. 18).

b) Der Quadrant als Integrationsgebiet.

§ 19. Wir haben eben einen Fall angeführt, bei welchem die Herleitung des Integrals mit den Grenzen 0 und ∞ durch Übergang von einem Integrale mit den Grenzen $-\infty$ und $+\infty$ nicht gelingt, und wir gezwungen sind, als Integrationsgebiet den Quadranten zu nehmen, um zur Darstellung des betreffenden Integrals zu gelangen.

Es giebt aber noch andere Fälle, in denen ein Übergang von $\int_{-\infty}^{+\infty}$ zu $\int_0^{\infty}$ nicht möglich ist, Fälle, in denen uns nichts weiter als eine blosse Transformation des vorgelegten Integrals auf ein anderes gelingt. Ein solches Beispiel ist das folgende:

$$\int_0^{\infty} x^{a-2}\lg(1+x^2)\,dx,$$

wo a rational oder irrational sein kann.

Wir gehen aus von dem Integrale, das die Funktion

$$f(z) = z^{a-2}\lg(1-iz)$$

unter dem Integralzeichen hat. Die unendlichdeutige Funktion $\lg(1-iz)$ hat in der unteren Halbebene den Verzweigungspunkt $z = -i$; wir wählen daher, da sich in der oberen Ebenenhälfte kein solcher Punkt befindet, diese als Integrationsgebiet, indem wir integrieren über den über der X-Achse liegenden unendlich grossen, geschlossenen Halbkreis, dessen Mittelpunkt der Koordinatenursprung ist. Unter der Voraussetzung, dass $a > 0$ ist, kann das über die X-Achse erstreckte Integral

$$\int_{-\infty}^{+\infty} x^{a-2} \lg(1 - ix)\, dx$$

in den Unstetigkeits- und Verzweigungspunkt $z = 0$ der vieldeutigen Funktion z^{a-2} hineingeführt werden, womit aber keineswegs eine Unbestimmtheit herbeigeführt wird, da wir diese Lage des Wegs als Grenzlage eines den Verzweigungspunkt nicht treffenden Wegs betrachten. Unter eben dieser Bedingung $a > 0$ ist aber auch $\lim_{z=0} z f(z) = 0$ und daher auch das über die unendlich kleine halbkreisförmige Ausbiegung des Punkts $z = 0$ genommene Integral $\int_h f(z)\, dz = 0$. Damit aber das Integral $\lim_{R=\infty} \int_{-R}^{+R} x^{a-2} \lg(1 - ix)\, dx$ einen endlichen Grenzwert hat, ist die weitere Bedingung $a < 1$ erforderlich. Unter dieser Bedingung aber ist für den unendlich grossen Halbkreis $\lim_{z=\infty} z f(z) = 0$, womit

$$\int_H f(z)\, dz = 0,$$

und somit, weil innerhalb unseres Integrationswegs kein Unstetigkeitspunkt sich befindet,

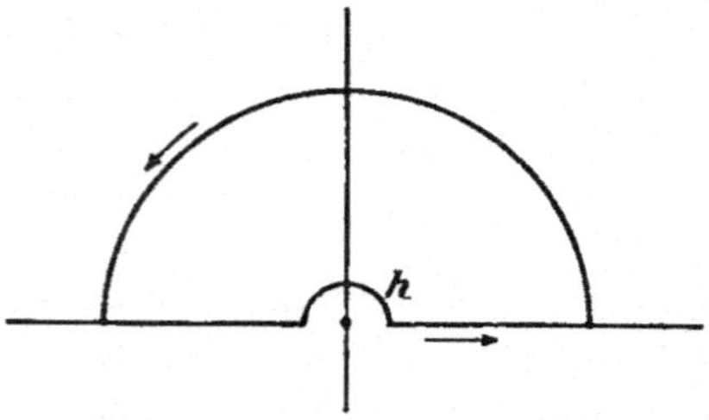

$$(*) \quad \ldots\ldots \quad \int_{-\infty}^{+\infty} x^{a-2} \lg(1 - ix) = 0.$$

In Bezug auf die vieldeutige Funktion z^{a-2} sowohl als auch auf $\lg(1 - iz)$ wählen wir, um Eindeutigkeit zu schaffen, den Zweig der einfachsten Funktionswerte, also für $z^{a-2} = r^{a-2} e^{i(\varphi + 2k\pi)(a-2)}$ denjenigen, der sich ergiebt, wenn $k = 0$ gesetzt wird, und der für die Punkte der positiven X-Achse die positiven reellen Funktionswerte x^{a-2} liefert; für $\lg(1 - iz)$ den, der uns schreiben lässt $\lg(1 - ix) = \frac{1}{2}\lg(1 + x^2) - i \operatorname{arc\,tg} x$ *). Aus Gleichung (*) ergiebt sich so

$$e^{i\pi(a-2)} \int_0^{\infty} x^{a-2} \lg(1 + ix) + \int_0^{\infty} x^{a-2} \lg(1 - ix) = 0.$$

Bezeichnen wir dann der Kürze halber das erste der beiden Integrale $\int_0^{\infty} x^{a-2} \lg(1 + x^2)\, dx$ und $\int_0^{\infty} x^{a-2} \operatorname{arc\,tg} x\, dx$ mit dem Buchstaben t, das zweite mit u, so erhalten wir durch Trennung des Reellen und Imaginären, wenn ausserdem $\pi(a - 2) = \lambda$ gesetzt wird,

$$t \cos^2 \frac{\lambda}{2} - u \sin \lambda = 0$$

---

*) wo x zwischen den Grenzen $-\frac{\pi}{2}$ und $+\frac{\pi}{2}$. Aus dieser Definition von $\lg(1 - ix)$ auf der reellen Achse folgen dann — vermöge der Forderung der Stetigkeit — alle Werte der Funktion $\lg(1 - iz)$ im ganzen Integrationsgebiet.

und
$$t \sin\lambda - 4u \sin^2\frac{\lambda}{2} = 0.$$

Aus diesen beiden simultanen, homogenen Gleichungen aber folgt

$$t = 2u\,\mathrm{tg}\frac{a\pi}{2},$$

oder, wenn wir für t und u ihre Werte einsetzen:

$$\int_0^\infty x^{a-2}\lg(1+x^2)\,dx = 2\,\mathrm{tg}\frac{a\pi}{2}\int_0^\infty x^{a-2}\,\mathrm{arc\,tg}\,x\,dx,\quad 1 > a > 0.$$

Anstatt also unser Integral dargestellt zu erhalten in geschlossener Form, d. h. ausgedrückt durch eine der gewöhnlichen algebraischen oder transscendenten Funktionen, haben wir durch unser Integrationsverfahren nichts weiter erreicht als eine blosse Transformation des vorgelegten Integrals auf das Integral $\int_0^\infty x^{a-2}\,\mathrm{arc\,tg}\,x\,dx$ (siehe auch die Bemerkung zu $\int_0^\infty e^{-x^2}dx$ im Vorwort). Integrieren wir aber über den Quadranten und gehen von einem Integrale aus mit der Funktion $f(z) = z^{a-2}\lg(1+z^2)$ unter dem Integralzeichen, so gelingt, wie wir später sehen werden, die Auswertung unseres Integrals (s. Beisp. 20).

§ 20. Nicht selten geschieht es, dass das Integral mit den Grenzen $-\infty$ und $+\infty$, aus welchem beim Übergang zu $\int_0^\infty$ die vorgelegte Form sich ergeben würde, gar nicht ausgewertet werden kann.

Es trifft dies z. B. zu, wenn die Funktion unter dem Integralzeichen in beiden Halbebenen Unstetigkeitspunkte besitzt, durch deren Vorhandensein die Eindeutigkeit verloren geht und sie sich nicht in zwei oder mehr Terme zerlegen lässt, wovon jeder derselben diese Art von Singularitäten ausschliesslich in der einen oder andern der beiden Halbebenen liegen hat (§ 16). Wir werden in solchem Falle zum Quadranten greifen, vorausgesetzt, dass ein solcher frei ist von derartigen Punkten (s. Beisp. 20).

§ 21. Ist ferner das Integral über den unendlich grossen Halbkreis $= \infty$, hat dagegen das Integral über den unendlich grossen Viertelskreis einen endlichen Grenzwert oder den Grenzwert Null, so sind wir auch in solchem Falle auf den Quadranten angewiesen (s. Beisp. 19).

c) Der Sektor als Integrationsgebiet*).

§ 22. Ist der Grenzwert des Integrals über den unendlich grossen Viertelskreis weder Null noch endlich, so findet dies manchmal statt für einen Teil des Viertelskreises, z. B. für den Achtelskreis, der sich in der oberen Halbebene an die positive X-Achse anschliesst. Den geschlossenen Integrationsweg bildet in solchem Falle dieser Achtelskreis und die beiden Radien nach den Endpunkten desselben (s. Beisp. 21 und 22).

Sei z. B.
$$f(z) = e^{-z^2}.$$

*) Wir verstehen unter einem „Sektor" jeden Bruchteil eines Quadranten.

Die Abschätzung des Integrals über den unendlich grossen Achtelskreis geschieht hier, wie in manchen anderen Fällen, mit Hilfe der schon mehrfach gebrauchten Formel

$$\operatorname{mod} \int f(z)\, dz \leqq \int \operatorname{mod} f(z) \operatorname{mod} dz.$$

Wir haben, wenn mit $\int\limits_A$ das Integral über diesen krummlinigen Teil unseres Integrationswegs bezeichnet wird:

$$\operatorname{mod} \int\limits_A e^{-z^2} dz \leqq \int\limits_0^{\frac{\pi}{4}} R\, e^{-R^2 \cos 2\varphi}\, d\varphi \leqq \int\limits_0^{\frac{\pi}{4}} R\, e^{-R^2 \sin 2\varphi}\, d\varphi;$$

und da zwischen 0 und $\frac{\pi}{4}$

$$\sin 2\varphi \geqq \frac{4\varphi}{\pi},$$

so folgt:

$$\operatorname{mod} \int\limits_A e^{-z^2} dz \leqq \int\limits_0^{\frac{\pi}{4}} R\, e^{-\frac{4R^2}{\pi}\varphi}\, d\varphi \leqq \frac{\pi}{4R}(1 - e^{-R^2}).$$

Dieser Ausdruck verschwindet aber offenbar für unendlich grosse R, d. h.: Das Integral $\int\limits_A e^{-z^2} dz$ über den unendlich grossen Achtelskreis hat Null zur Grenze.

Anmerkung. Dieser Nachweis hätte auch mit Hilfe des Satzes in § 14 versucht werden können. In der That werden wir uns bei Abschätzung solcher Integrale fast ausschliesslich dieses Satzes bedienen und unsere Zuflucht zu obiger Formel nur dann nehmen, wenn derselbe nicht mehr ausreicht. Ein Beispiel, bei welchem der Nachweis des Nullseins des Integrals über den krummlinigen Teil des Integrationswegs aus der Bedingung $\lim\limits_{z=\infty} z f(z) = 0$ Schwierigkeiten bietet, ist nun eben das vorliegende. Es ist hier nämlich

$$\operatorname{mod}[R e^{i\varphi} f(R e^{i\varphi})] = R\, e^{-R^2 \cos 2\varphi}.$$

Dieser Ausdruck verschwindet bei unendlich grossem R für alle φ, die der Bedingung entsprechen

$$\frac{\pi}{4} > \varphi \geqq 0,$$

dagegen nicht mehr für $\varphi = \frac{\pi}{4}$, wie es doch sein muss, wenn der Schluss sicher sein soll. Wir wären also gezwungen, unsere Integration auf einen Bogen zu beschränken, der kleiner ist als der Oktant, also etwa auf einen Bogen, für dessen Punkte φ zwischen den Grenzen 0 und $\frac{\pi}{4} - \alpha$, wo α beliebig klein ist. Nun ist für das so bestimmte Integrationsgebiet $\operatorname{mod} z f(z) \leqq R\, e^{-R^2 \sin 2\alpha}$, also kann $\operatorname{mod} z f(z)$ für alle φ gleichzeitig unter eine beliebig kleine Grenze herabgedrückt werden, indem man R hinreichend gross macht; $\lim\limits_{z=\infty} z f(z)$ also für den betrachteten Bogen gleich Null und damit auch $\lim \int\limits_0^{\frac{\pi}{4}-\alpha} = 0$.

Ein weiteres Beispiel bietet die Funktion

$$f(z) = e^{-kz}\varphi(z),$$

wo k positiv und $\varphi(z)$ eine rationale oder irrationale Funktion sein mag. Bezeichnen wir das Maximum des Modulus von $\varphi(z)$ auf dem aus dem Ursprung mit Halbmesser R beschriebenen Viertelskreise mit ϱ, so ist, wenn $z = Re^{i\varphi}$ gesetzt wird,

$$\operatorname{mod} z f(z) \overline{\gtrless} \varrho R e^{-kR\cos\varphi}.$$

Es wird also, wenn die Funktion $\varphi(z)$ für unendlich grosse z unendlich klein ist von der 1ten Ordnung oder von niederer Ordnung als der 1ten, $\lim_{z=\infty} z f(z) = 0$ sein nur für einen Bogen, der kleiner ist als der Quadrant*). Um aber zu entscheiden, ob das Integral über den ganzen Viertelskreis Null zur Grenze hat, bedienen wir uns auch in vorliegendem Falle obiger Formel:

$$\operatorname{mod}\int_V e^{-kz}\varphi(z)\,dz \overline{\gtrless} \varrho R\int_0^{\frac{\pi}{2}} e^{-kR\cos\varphi}\,d\varphi \overline{\gtrless} \varrho R\int_0^{\frac{\pi}{2}} e^{-\frac{2kR}{\pi}\varphi}\,d\varphi \overline{\gtrless} \frac{\varrho\pi}{2k}(1 - e^{-kR}).$$

Ist also $\varphi(z)$ für unendlich grosse z unendlich klein von irgend welcher Ordnung, so verschwindet $\int_V e^{-kz}\varphi(z)\,dz$. Ist z. B. $\varphi(z) = z^{a-1}$, so wird $\int_V e^{-kz}z^{a-1}\,dz$ Null zur Grenze haben, sobald $a < 1$ ist (Beisp. 19 und 23).

Ähnlich verhält es sich für

$$f(z) = e^{iaz}\varphi(z),$$

einem Beispiel, das wir schon früher behandelt haben (s. § 15). Dabei zeigte es sich, dass bei Berücksichtigung der beiden Endpunkte des Halbkreises der Schluss auf das Nullsein von $\lim_{z=\infty} z f(z)$ und damit auf dasjenige von $\int_H$ noch sicher ist, im Falle, dass $\varphi(z)$ für unendlich grosse z unendlich klein ist von höherer Ordnung als der 1ten; dass dem aber nicht mehr so ist, wenn $\varphi(z)$ für unendlich grosse z unendlich klein von der 1ten oder von niederer Ordnung als der 1ten ist. Um zu beweisen, dass unser Integral $\int_H$ Null zur Grenze hat auch noch in letzterem Falle, benützten wir, wie in den beiden vorigen Beispielen, die Formel $\operatorname{mod}\int f(z)\,dz \overline{\overline{<}} \int \operatorname{mod} f(z) \operatorname{mod} dz$.

§ 23. Endlich gelangen wir vielfach zur Auswertung von Integralen, wenn wir, statt zu integrieren über das ganze Gebiet, für welches der Grenzwert des Integrals über den krummlinigen Teil des Wegs Null oder endlich ist, nur über einen bestimmten Bruchteil desselben unsere Integration ausdehnen. Liegt z. B. vor die Funktion $f(z) = e^{-kz}z^{a-1}$, so könnte die Integration — bei positivem k und der weiteren Bedingung, dass $a < 1$ ist — über den ganzen in der oberen Halbebene gelegenen, an die positive X-Achse sich anlehnenden, geschlossenen Viertelskreis ausgedehnt werden (s. obige Anmerkung). Wir erhalten nun aber auch ein Resultat, das unser Interesse verdient, wenn wir als krummlinigen Teil unseres Integrationswegs nur einen Teil dieses Viertelskreises nehmen, z. B. einen Bogen φ, dessen tg gleich einer positiven endlichen Grösse μ ist (s. Beisp. 23).

---

*) Denn dann ist $\operatorname{mod} z f(z) \overline{\gtrless} \varrho R e^{-kR\sin\alpha}$, wo α dieselbe Bedeutung hat wie oben.

II. Auswertung von Integralen mit anderen Grenzen als $-\infty$ und $+\infty$ bezw. 0 und $+\infty$.

§ 24. Ist ein Integral auszuwerten mit Grenzen, die nicht $-\infty$ und $+\infty$, bezw. 0 und $+\infty$ sind, so liegt der Gedanke nahe, dasselbe durch eine zweckmässige Transformation in ein solches mit obigen Grenzen überzuführen. So wird z. B. $\int\limits_0^1 \lg x \frac{dx}{\sqrt{1-x^2}}$ durch die Substitution $\frac{1}{1+y^2} = x^2$ *) übergeführt in $-\frac{1}{2}\int\limits_0^\infty \lg(1+y^2)\frac{dx}{1+y^2}$. Zur Darstellung dieses Integrals aber gelangt man mittels unserer Methode leicht, indem man von dem Integrale mit der Funktion $f(z) = \frac{\lg(1-iz)}{1+z^2}$ unter dem Integralzeichen ausgeht; als Wert erhält man $\pi \lg 2$, und sonach

$$\int\limits_0^1 \lg x \frac{dx}{\sqrt{1-x^2}} = -\frac{\pi}{2}\lg 2.$$

Diese Überführung von Integralen mit beliebigen Grenzen auf solche mit $-\infty$ und $+\infty$, bezw. 0 und $+\infty$ lässt sich aber in vielen Fällen nicht so leicht bewerkstelligen wie in dem eben behandelten. Die Cauchy'sche Methode giebt nun aber auch hier Mittel und Wege an die Hand, derartige Integrale auf direkte Weise, also ohne Transformation, herzuleiten.

Abgesehen von den natürlichen Grenzen 0, ∞, $-\infty$ wird man im allgemeinen ein Integral nicht zwischen Grenzen auswerten, auf die einen die zu integrierende Funktion nicht selbst hinweist. Ist diese Funktion zwischen den reellen Grenzen $-\infty$ und $+\infty$ nirgends unstetig, so kann es dann und wann auch von Interesse sein, das zwischen beliebigen endlichen Grenzen genommene Integral zu untersuchen; wird aber die Funktion unter dem Integralzeichen für 1 oder mehrere Punkte zwischen $-\infty$ und $+\infty$ unstetig, so wird man die Grenzen wählen mit Rücksicht auf diese Unstetigkeitspunkte. Man wird z. B., wenn $\int \frac{dx}{\sqrt{1-x^2}}$ vorliegt, festzustellen suchen, ob eine der Integralfunktionen $\int\limits_{-\infty}^{-1}$, $\int\limits_{-1}^{0}$, $\int\limits_{0}^{+1}$, $\int\limits_{+1}^{+\infty}$ oder für $\int \frac{x^{a-1}}{(1+x)^{a+b}}dx$, ob $\int\limits_{-\infty}^{-1}$, $\int\limits_{-1}^{0}$, $\int\limits_{0}^{\infty}$ endlich bleibt, trotzdem die obere bezw. die untere Grenze einen Wert erreicht, für den die Funktion unter dem Integralzeichen unendlich gross wird bezw. sich ins Unendliche entfernt. Geschieht es nun, dass beim Zerlegen von $\int\limits_{-\infty}^{+\infty}$ in diese Teilintegrale einzelne derselben sich annullieren, oder lässt sich das eine oder andere durch eine der höheren Transscendenten (z. B. die Euler'sche Integrale) oder durch eine der gewöhnlichen algebraischen oder transscendenten Funktionen in geschlossener Form ausdrücken, so gelangen wir auch meistens zur Darstellung des vorgelegten Integrals (s. Beisp. 24 und 25).

*) Dabei sind die auftretenden Wurzelgrössen in absolutem Sinne zu nehmen.

Integrale trigonometrischer Funktionen mit den Grenzen 0 und 2π oder 0 und π bilden eine Gruppe für sich. Die behufs Darstellung derselben nötigen allgemeinen Betrachtungen sollen im folgenden gegeben werden.

III. Auswertung von Integralen trigonometrischer Funktionen mit den Grenzen
0 und 2π bezw. 0 und π.

§ 25. Der geschlossene Umfang, innerhalb dessen die Funktion f(z) unter dem Integralzeichen eindeutig, aber nicht immer stetig ist, also eine Reihe von polaren Unstetigkeitspunkten $\alpha_1, \alpha_2 \ldots \alpha_p \ldots \alpha_n$ haben kann, sei ein aus dem Koordinatenursprung beschriebener Kreis K mit dem endlichen Halbmesser r. Alsdann ist, wenn auf der Peripherie selbst keine Unstetigkeit stattfindet, gemäss unserer Formel (A)

$$\int_K f(z)\,dz = 2\pi i \sum_{p=1}^{p=n} \operatorname{Res} f(\alpha_p),$$

wo α_p auf alle Unstetigkeitspunkte sich bezieht, die innerhalb des Integrationskreises liegen. Setzen wir in Bezug auf den Integrationskreis

$$z = r e^{i\varphi},$$

so ergiebt sich

$$\int_K f(z)\,dz = i \int_0^{2\pi} r e^{i\varphi} f(r e^{i\varphi})\,d\varphi.$$

Und wenn F(z) für z f(z) geschrieben wird

$$\int_K f(z)\,dz = i \int_0^{2\pi} F(r e^{i\varphi})\,d\varphi.$$

Damit aber vermöge Gleichung (B)

$$\text{(G)} \quad \ldots\ldots \quad \int_0^{2\pi} F(r e^{i\varphi})\,d\varphi = 2\pi \sum_{p=1}^{p=n} \operatorname{Res} \frac{F(\alpha_p)}{\alpha_p},$$

wo

$$\operatorname{Res} \frac{F(\alpha_p)}{\alpha_p} = \frac{\overset{(s-1)}{\chi}(\alpha_p)}{(s-1)!} \quad \text{und} \quad \chi(\alpha_p) = \lim_{u=0} u^s \frac{F(\alpha_p + u)}{\alpha_p + u}$$

für den Fall von Unstetigkeiten s ten Grads.

§ 26. Im 1ten Teile dieser Arbeit (I) wurde gezeigt, dass durch Übergang von $\int_{-\infty}^{+\infty}$ Integrale zwischen den Grenzen 0 und ∞ ausgewertet werden konnten selbst im Falle reeller, also auf dem Integrationswege gelegener Unstetigkeitspunkte, welche das allgemeine Integral über diesen Weg unbestimmt machten*), und zwar haben wir dies er-

*) Man denke z. B. an die Darstellung von $\int_0^\infty \frac{x^{a-1}}{1+x}\,dx$ (Beispiel 8).

reicht durch Einführung des Cauchy'schen Hauptwerts. Da uns aber im gegenwärtigen Falle dieser Vorteil nur selten erwächst, der Cauchy'sche Hauptwert aber an und für sich von geringem wissenschaftlichen Interesse ist, so werden wir hier nur solche Beispiele behandeln, bei welchen der Integrationsweg entweder ganz frei ist von Unstetigkeiten, die das allgemeine Integral unbestimmt machen, oder wenigstens nur Unstetigkeiten besitzen von der Art, dass das in dieselben hineingeführte Integral einen endlichen Wert behält. Wollten wir indessen auch Beispiele berücksichtigen mit Unstetigkeitspunkten auf dem Integrationskreise, welche die Unbestimmtheit des allgemeinen Integrals bedingen, so kann dabei wie früher verfahren werden. Sei ein solcher Ausnahmepunkt z. B. ein Pol β, so haben wir zur Summe rechts einfach den Wert des in der positiven Begrenzungsrichtung genommenen Integrals über die unendlich kleine halbkreisförmige, den Punkt ausschliessende Ausbiegung*), also die Hälfte des mit 2π multiplizierten Residuums, d. h. das Glied $\pi \operatorname{Res} \frac{F(\beta)}{\beta}$ hinzuzufügen**).

§ 27. Ist F(z) eine im ganzen Kreise und auf demselben endliche und durchaus stetige Funktion, und hat ausserdem F(z) für $z = 0$ einen endlichen Wert und nicht etwa den Wert Null, so findet innerhalb unseres Integrationsgebiets nur einmal eine Unterbrechung der Stetigkeit statt, nämlich für den Punkt $z = 0$. Nimmt F(z) für $z = 0$ statt eines endlichen Werts den Wert 0 an, so kann bei besonderer Beschaffenheit von F(z) die Funktion $\frac{F(z)}{z}$ auch für $z = 0$ endlich bleiben***), so dass alsdann das ganze Integrationsgebiet frei von Unstetigkeiten ist. Unser Integral ist in solchem Falle offenbar gleich Null; dasselbe wird aber auch, da $F(0) = 0$, Null sein selbst im Falle, dass $\frac{F(z)}{z}$ für $z = 0$ unstetig ist [s. nachfolgende Formel (H)]. Erfüllt nun F(z) in dem mit dem Halbmesser r aus dem Ursprung beschriebenen Kreis obige Voraussetzungen, so erhalten wir, da

$$\operatorname{Res} f(0) = \operatorname*{Res}_{\alpha=0} \frac{F(\alpha)}{\alpha} = \lim_{u=0} \frac{u\left[F(0) + \frac{u}{1!}F'(0) + \frac{u^2}{2!}F''(0) + \ldots\right]}{0+u} = F(0),$$

die Formel

$$\text{(H)} \quad \ldots\ldots\ldots \quad \int_0^{2\pi} F(r e^{i\varphi})\, d\varphi = 2\pi F(0),$$

welche die Cauchy'sche Formel genannt wird.

Setzen wir hierin noch

$$F(z) = f(t+z),$$

so kommt

$$\text{(J)} \quad \ldots\ldots\ldots \quad \int_0^{2\pi} f(t + r e^{i\varphi})\, d\varphi = 2\pi f(t),$$

---

*) insofern dieser Wert überhaupt ein endlicher ist.

**) Ein paar Beispiele dieser Art, in Bezug auf welche Bierens de Haan mit Schlömilch in Widerspruch steht, sind eben aus diesem Grunde behandelt worden (Beisp. 34 und 37).

***) Dies trifft z. B. zu, wenn $F(z) = z$ oder $F(z) = \lg(1-z)$ ist.

wo f(z) eine eindeutige und durchaus stetige Funktion für jeden Wert von

$$z = t + \varrho e^{i\varphi}$$

ist und $\varrho < r$ sein muss.

Beispiele.

I. Integrale mit den Grenzen
$-\infty$ und $+\infty$ bezw. 0 und $+\infty$.

a) Die Halbebene als Integrationsgebiet.

1. Beispiel.
$$\int_{-\infty}^{+\infty} \frac{x^{m-1}}{x^n - e^{\vartheta i}} dx,$$

worin m und n ganze positive Zahlen bedeuten mögen. Es ist alsdann $f(z) = \frac{z^{m-1}}{z^n - e^{\vartheta i}}$ eine eindeutige Funktion, die im Endlichen n-Pole besitzt. Ist n gerade und $0 < \vartheta < 2\pi$, so kommen von diesen n-Polen, die unter diesen Bedingungen alle imaginär sind, von denen also keiner auf der X-Achse liegt, $\frac{n}{2}$ in die obere Halbebene zu liegen. Als Integrationsweg wählen wir den in dieser Halbebene gelegenen, aus dem Koordinatenursprung beschriebenen, unendlich grossen geschlossenen Halbkreis. Die innerhalb dieses Wegs gelegenen Pole sind enthalten in

$$\alpha = e^{\frac{\vartheta + 2k\pi}{n} i}, \text{ wo } k = 0, 1, 2, \ldots \left(\frac{n}{2} - 1\right);$$

die übrigen $\frac{n}{2}$, in der unteren Halbebene gelegenen Pole kommen, als ausserhalb unseres Integrationsgebiets fallend, nicht in Betracht.

Vermöge Formel (F) ist nun

$$(*) \ldots\ldots\ldots \text{Hptw.} \int_{-\infty}^{+\infty} = 2\pi i \sum \operatorname{Res} f(\alpha_p) - \int_H,$$

wo $\Sigma \operatorname{Res} f(\alpha_p)$ sich auf alle oberhalb der X-Achse gelegenen Pole erstreckt und [s. Formel (E)]

$$\operatorname{Res} f(\alpha_p) = \frac{1}{n} \alpha_p^{m-n}.$$

$\int_{-\infty}^{+\infty}$ besitzt nun aber einen endlichen und bestimmten Wert, wenn

$$m \lesseqgtr n - 1;$$

unter dieser Bedingung ist aber auch $\lim_{z=\infty} z f(z) = \lim_{z=\infty} \frac{z^m}{z^n - e^{\vartheta i}} = 0$, womit (§ 14) $\int_H = 0$.
Damit aber lässt sich statt Gleichung (*) schreiben:

$$\int_{-\infty}^{+\infty}\frac{x^{m-1}}{x^n-e^{\vartheta i}}\,dx=\frac{2\pi i}{n}\sum_{k=0}^{k=\frac{n}{2}-1}e^{i(\vartheta+2k\pi)\left(\frac{m}{n}-1\right)}$$

$$=\frac{2\pi i}{n}\,e^{\left(\frac{m}{n}-1\right)i\vartheta}\sum_{k=0}^{k=\frac{n}{2}-1}e^{2k\frac{m}{n}\pi i}.$$

Nun aber

$$\sum_{0}^{\frac{n}{2}-1}\left(e^{2\frac{m}{n}\pi i}\right)^k=\frac{1-e^{m\pi i}}{1-e^{2\frac{m}{n}\pi i}}=\frac{2}{1-e^{2\frac{m}{n}\pi i}}\text{ für ungerades m.}$$

Sonach

(1) . . . . $$\int_{-\infty}^{+\infty}\frac{x^{m-1}}{x^n-e^{\vartheta i}}\,dx=\frac{4\pi i}{n}\cdot\frac{e^{\left(\frac{m}{n}-1\right)\vartheta i}}{1-e^{2\frac{m}{n}\pi i}},$$

wo

$$m\overline{\overline{<}}\,n-1,\ \begin{matrix}m\equiv 1\\ n\equiv 0\end{matrix}\Big\{\bmod 2\Big\},\ 0<\vartheta<2\pi.$$

Rechts Zähler und Nenner mit $e^{-\frac{m}{n}\pi i}$ multipliziert, giebt

(**) . . . . $$\int_{-\infty}^{+\infty}\frac{x^{m-1}}{x^n-e^{\vartheta i}}\,dx=\frac{2\pi}{n}\frac{e^{\left(\frac{m}{n}-1\right)(\vartheta-\pi)i}}{\sin\frac{m}{n}\pi},$$

und $\vartheta-\pi=\vartheta_1$ gesetzt und statt ϑ_1 wieder ϑ geschrieben:

(2) . . . . $$\int_{-\infty}^{+\infty}\frac{x^{m-1}}{x^n+e^{\vartheta i}}\,dx=\frac{2\pi}{n}\frac{e^{\left(\frac{m}{n}-1\right)\vartheta i}}{\sin\frac{m}{n}\pi},$$

wo

$$-\pi<\vartheta<\pi,\text{ oder was dasselbe: }\vartheta^2<\pi^2.$$

Da aber unsere Funktion unter dem Integralzeichen eine gerade Funktion ist, so gilt auch:

$$\int_{0}^{\infty}\frac{x^{m-1}}{x^n+e^{\vartheta i}}\,dx=\frac{\pi}{n}\frac{e^{\left(\frac{m}{n}-1\right)\vartheta i}}{\sin\frac{m}{n}\pi}.$$

Mittels der Substitution $x^n=x_1$ oder $x=x_1^{\frac{1}{n}}$, wobei $x_1^{\frac{1}{n}}$ in absolutem Sinne zu nehmen ist, geht, wenn wir statt x_1 gleich wieder x schreiben, diese Gleichung über in

(3) . . . . . . $$\int_{0}^{\infty}\frac{x^{\frac{m}{n}-1}}{x+e^{\vartheta i}}\,dx=\pi\frac{e^{\left(\frac{m}{n}-1\right)\vartheta i}}{\sin\frac{m}{n}\pi},\ 0<\frac{m}{n}<1,\ \vartheta^2<\pi^2.$$

$\vartheta=0$ gesetzt, und a statt $\frac{m}{n}$ geschrieben, giebt

$$\int_0^\infty \frac{x^{a-1}}{1+x}\,dx = \frac{\pi}{\sin a\pi},\quad 0 < a < 1,$$

ein Integral, das wir später (Beisp. 8) direkt herleiten werden.

Setzen wir in Gleichung (**) $\vartheta = \pi$ und schreiben $2p$ statt $m-1$ und $2q$ statt n, so ergiebt sich wegen der geraden Funktion unter dem Integralzeichen

$$(4) \quad \ldots\ldots \int_0^\infty \frac{x^{2p}}{1+x^{2q}}\,dx = \frac{1}{2q}\,\frac{\pi}{\sin\frac{2p+1}{2q}\pi},\quad 2q > 2p+1.$$

In (1) $\vartheta = 2\pi$ gesetzt, giebt ein Integral von der Form

2. Beispiel. $$\int_{-\infty}^{+\infty} \frac{x^{2p}}{1-x^{2q}}\,dx.$$

$f(z) = \frac{z^{2p}}{1-z^{2q}}$ ist unstetig für $\alpha = e^{\frac{i\pi}{q}k}$, wo $k = 0, 1, 2, \ldots (2q-1)$. Für $k = 0$ und $k = q$ ergiebt sich $\alpha = +1$ und $\alpha = -1$; also 2 reelle Pole, die wir in das Integrationsgebiet einschliessen oder aber auch durch die unendlich kleine halbkreisförmige Ausbiegung von demselben ausschliessen können (s. § 8). Imaginäre Pole, die innerhalb unseres Integrationsgebiets liegen, das wir dasselbe sein lassen wie im vorigen Beispiele, haben wir also noch $q-1$, nämlich die aus $e^{\frac{i\pi}{q}k}$ sich ergebenden für $k = 1$ bis $k = q-1$. Die Residuen in Bezug auf die reellen Pole ± 1 bestimmen wir abgesondert von den übrigen. Setzt man nun (s. § 4)

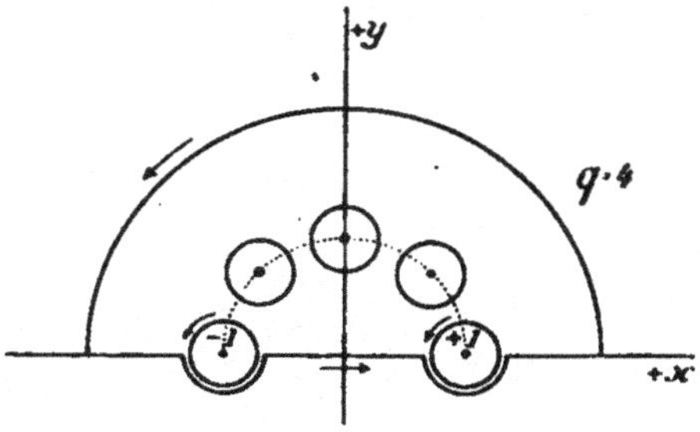

$$F(z) = z^{2p} \text{ und } \varphi(z) = \frac{1}{1-z^{2q}},$$

so ergiebt sich

$$\psi(\alpha) = \lim_{u=0} \frac{u}{1-(\alpha+u)^{2q}} = \frac{1}{-2q\alpha^{2q-1}},$$

daher

$$\sum \operatorname{Res} f(\alpha) = -\frac{1}{2q}\sum\frac{\alpha^{2p}}{\alpha^{2q-1}} = -\frac{1}{2q}\sum\alpha^{2p+1} = -\frac{1}{2q}\sum_{k=1}^{k=q-1} e^{i\beta k},\ \text{wo } \beta = \frac{\pi}{q}(2p+1)$$

$$= -\frac{1}{2q}\,\frac{e^{i\beta q} - e^{i\beta}}{e^{i\beta}-1}.$$

Aber $i\beta q = i\pi(2p+1)$, giebt $e^{i\beta q} = -1$, damit

$$\sum \operatorname{Res} f(\alpha) = -\frac{1}{2q}\,\frac{1+e^{i\beta}}{1-e^{i\beta}} = -\frac{i}{2q}\operatorname{ctg}\frac{\pi}{2q}(2p+1).$$

Ferner

$$\operatorname{Res} f(\pm 1) = (\pm 1)^{2p} \lim_{u=0} \frac{u}{1-(\pm 1+u)^{2q}} = \mp\frac{1}{2q}.$$

Und da unser Integral wegen der Grenzen $-\infty$ und $+\infty$ der Bedingung

$$2q > 2p + 1$$

zu genügen hat, und diese Bedingung auch genügt, damit $\lim\limits_{z=\infty} z f(z) = 0$ und also $\int\limits_H = 0$ ist, so ergiebt sich, weil die beiden mit πi multiplizierten $\operatorname{Res} f(\pm 1)$ sich gegenseitig aufheben:

$$(5) \; \ldots \; \text{Hptw.} \int\limits_{-\infty}^{+\infty} \frac{x^{2p}}{1 - x^{2q}} \, dx = \frac{\pi}{q} \operatorname{ctg} \frac{\pi}{2q} (2p + 1), \quad 2q > 2p + 1;$$

das in die Pole ± 1 hineingeführte Integral $\int\limits_{-\infty}^{+\infty}$ aber ist sinnlos (§ 9)*).

Unser Integral enthält eine gerade Funktion; es gilt somit auch:

$$(5a) \; \ldots \; \text{Hptw.} \int\limits_{0}^{\infty} \frac{x^{2p}}{1 - x^{2q}} \, dx = \frac{\pi}{2q} \operatorname{ctg} \frac{\pi}{2q} (2p + 1), \quad 2q > 2p + 1.$$

3. Beispiel.

$$\int\limits_{-\infty}^{+\infty} \frac{e^{axi}}{x - bi} \, dx,$$

wo b positiv reell sein soll. Setzen wir dann auch a positiv reell voraus, so werden wir wegen der Exponentialfunktion den in der oberen Halbebene gelegenen, aus dem Koordinatenursprung beschriebenen unendlich grossen geschlossenen Halbkreis als Integrationsweg nehmen müssen. Innerhalb dieses Wegs liegt der Pol $z = bi$; wir erhalten für das auf ihn bezügliche Residuum:

$$\operatorname{Res} f(bi) = e^{-ab}.$$

$\int\limits_{-\infty}^{+\infty} \frac{e^{axi}}{x - bi} \, dx$ besitzt aber einen endlichen und bestimmten Wert**), und zwar ist derselbe $= 2\pi i \operatorname{Res} f(bi)$, denn $\int\limits_H = 0$, weil die Funktion $\frac{1}{z - bi}$ für unendlich grosse z verschwindet (§ 15). Damit also

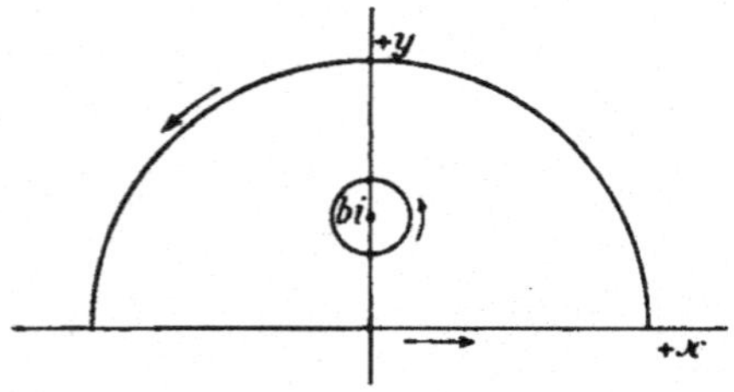

$$\int\limits_{-\infty}^{+\infty} \frac{e^{axi}}{x - bi} \, dx = 2\pi i e^{-ab}, \quad \begin{matrix} a > 0 \\ b > 0. \end{matrix}$$

Durch Trennung des Reellen und Imaginären ergiebt sich unmittelbar

---

*) s. auch § 6.

**) $\int\limits_0^{\infty} f(x) \left. \begin{matrix} \sin ax \\ \cos ax \end{matrix} \right\} dx$ ist nicht ohne Bedeutung, wenn $f(x)$ innerhalb der Integrationsgrenzen stets positiv bleibt und zu den abnehmenden Funktionen gehört.

$$\int_{-\infty}^{+\infty} \frac{x \cos a x - b \sin a x}{x^2 + b^2} \, d x = 0 \text{ und } \int_{-\infty}^{+\infty} \frac{x \sin a x + b \cos a x}{x^2 + b^2} \, d x = 2 \pi e^{-a b}.$$

Aus der letzteren dieser beiden Gleichungen aber folgt, wie leicht zu sehen,

$$\int_{0}^{\infty} \frac{x \sin a x + b \cos a x}{x^2 + b^2} \, d x = \pi e^{-a b}, \quad \begin{matrix} a > 0 \\ b > 0. \end{matrix}$$

Lässt man die Konstante a stetig gegen Null abnehmen, so erhält man hieraus

$$\int_{0}^{\infty} \frac{b \, d x}{x^2 + b^2} = \pi,$$

während der wahre Wert dieses Integrals $= \frac{\pi}{2}$ ist; unser obiges Integral also eine unstetige Funktion des Parameters a.

Setzen wir in

$$\int_{-\infty}^{+\infty} \frac{e^{a x i}}{x - b i} \, d x$$

a negativ voraus, und nehmen nun als Integrationsweg den in der unteren Halbebene gelegenen unendlich grossen geschlossenen Halbkreis, so liegt der Pol bi ausserhalb desselben, und unsere Funktion f(z) ist innerhalb dieses Wegs vollständig stetig, daher

$$\int_{-\infty}^{+\infty} \frac{e^{-a x i}}{x - b i} \, d x = 0.$$

Durch Trennung des Reellen und Imaginären ergiebt sich fast unmittelbar als imaginärer Teil:

$$\int_{0}^{\infty} \frac{b \cos a x - x \sin a x}{x^2 + b^2} \, d x = 0$$

oder

$$\int_{0}^{\infty} \frac{x \sin a x + b \cos a x}{x^2 + b^2} \, d x = 0, \quad \begin{matrix} a < 0 \\ b > 0. \end{matrix}$$

Dasselbe Integral also, welches für positive a den Wert $\pi e^{-a b}$ besitzt, hat für negative a den Wert 0 (und für $a = 0$ den Wert $\frac{\pi}{2}$). Als Descartes'sche Darstellung würden wir daher etwa den in nebenstehender Figur gezeichneten Verlauf von $\int_{0}^{\infty} \frac{x \sin a x + b \cos a x}{x^2 + b^2} \, d x$ als Funktion des Para-

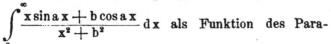

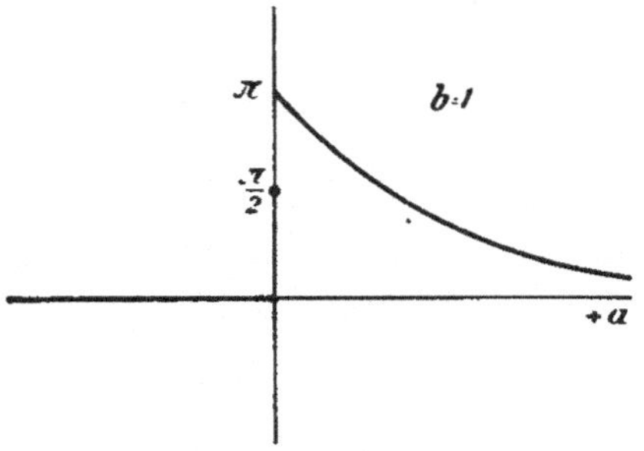

meters a haben (für den Fall, dass $b = 1$). Durch Addition erhält man für positive a

$$\int_0^\infty \frac{x \sin a x + b \cos a x}{x^2 + b^2} dx + \int_0^\infty \frac{x \sin a x - b \cos a x}{x^2 + b^2} dx = 2 \int_0^\infty \frac{x \sin a x}{x^2 + b^2} dx = \pi e^{-ab}$$

oder

$$(6) \ldots \ldots \quad \int_0^\infty \frac{x \sin a x}{x^2 + b^2} dx = \frac{\pi}{2} e^{-ab}, \; a > 0.$$

Durch Subtraktion erhält man für positive a

$$(7) \ldots \ldots \quad \int_0^\infty \frac{b \cos a x}{x^2 + b^2} dx = \frac{\pi}{2} e^{-ab}, \; a > 0,$$

Nehmen wir in (6) a negativ an, so wechselt dieses Integral offenbar das Zeichen; anders dagegen bei (7): sein Wert ist für negative a derselbe. Ferner wird für $a = 0$ der Wert von (6) $= 0$, derjenige von (7) $= \frac{\pi}{2}$ sein, denn $\int_0^\infty \frac{b}{x^2 + b^2} dx = \frac{\pi}{2}$. Betrachten wir nun diese beiden Integrale*) als Funktionen des Parameters a, so werden sie, wenn man sich a als Abscisse und den jedesmaligen Integralwert als die zugehörige Ordinate aufgetragen denkt, etwa die in den nebenstehenden Figuren gezeichneten geometrischen Bilder geben (für den Fall, dass $b = 1$). — Lässt man in (6) b stetig gegen Null abnehmen, so ergiebt sich

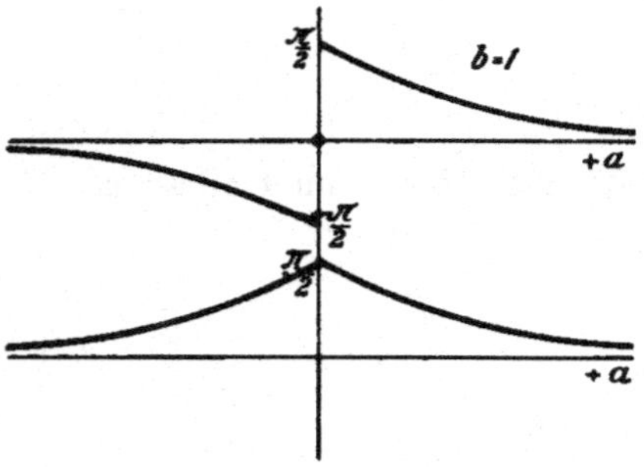

$$\int_0^\infty \frac{\sin a x}{x} dx = \frac{\pi}{2}, \; a > 0,$$

ein Integral, das ein besonderer Fall derjenigen Transscendenten, die unter dem Namen „Integralsinus" bekannt ist.

Wird a negativ genommen, so wechselt dieses Integral das Zeichen, und für $a = 0$ wird es zu Null. Als Descartes'sche Darstellung von $\int_0^\infty \frac{\sin a x}{x} dx$ als Funktion von a ergiebt sich daher nebenstehender Verlauf.

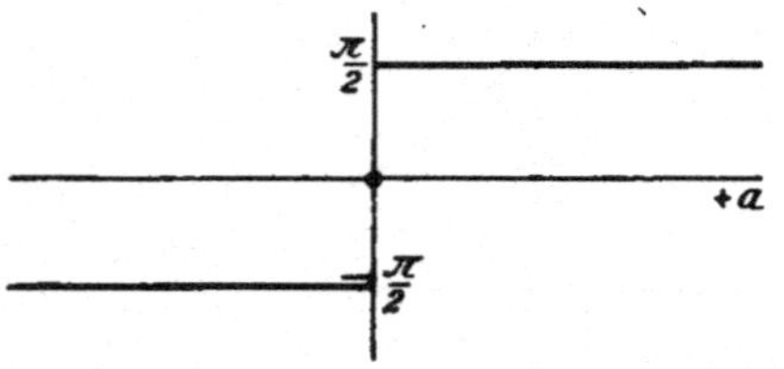

Zu Gleichung (7) kommen wir natürlich auch, wenn wir ausgehen von

*) welche die Laplace'schen Integrale genannt werden.

$$\int_{-\infty}^{+\infty} \frac{e^{axi}}{x^2+b^2}\,dx.$$

a positiv vorausgesetzt und als Integrationsweg den in der oberen Halbebene gelegenen, unendlich grossen geschlossenen Halbkreis gewählt, giebt, da so der Pol $z = bi$ innerhalb desselben,

$$\operatorname{Res} f(bi) = \frac{e^{-ab}}{2bi},$$

und daher

$$\int_{-\infty}^{+\infty} \frac{e^{axi}}{x^2+b^2}\,dx = \frac{\pi}{b}\,e^{-ab}.$$

Durch Trennung des Reellen und Imaginären:

$$\int_{-\infty}^{+\infty} \frac{b\cos ax}{x^2+b^2}\,dx = \pi e^{-ab}, \quad \left[\text{und} \int_{-\infty}^{+\infty} \frac{\sin ax}{x^2+b^2}\,dx = 0\right]$$

woraus

$$\int_{0}^{\infty} \frac{b\cos ax}{x^2+b^2}\,dx = \frac{\pi}{2}\,e^{-ab}, \quad a > 0.$$

4. Beispiel. $$\int_{-\infty}^{+\infty} \frac{-e^{(a+b)xi}+e^{(a-b)xi}}{q+xi}\,dx.$$

Unter der Voraussetzung

$$a > b > 0$$

werden wir als Integrationsweg den in der oberen Halbebene gelegenen unendlich grossen geschlossenen Halbkreis wählen müssen; denn dann ist $a+b$, sowie $a-b > 0$ und damit zufolge unserer Untersuchungen in § 15 der Grenzwert des Integrals über den unendlich grossen Halbkreis der oberen Halbebene gleich Null. Setzen wir ferner die Konstante q positiv reell voraus, so liegt innerhalb des Integrationswegs der Pol $z = qi$.

Nun ist

$$\operatorname{Res} f(qi) = \frac{-e^{-(a+b)q}+e^{-(a-b)q}}{i} = \frac{e^{-aq}}{i}\left(e^{bq}-e^{-bq}\right).$$

Und da $\int_{-\infty}^{+\infty}$ einen endlichen und bestimmten Wert hat und

$$\int_{-\infty}^{0} f(x)\,dx = \int_{0}^{\infty} \frac{-e^{-(a+b)xi}+e^{-(a-b)xi}}{q-xi}\,dx,$$

so haben wir

$$(*) \ldots \int_0^{\infty} \frac{[-e^{-(a+b)xi} + e^{-(a-b)xi}](q+xi) + [-e^{(a+b)xi} + e^{(a-b)xi}](q-xi)}{q^2+x^2} dx$$

$$= 2\pi e^{-aq}(e^{bq} - e^{-bq}),$$

woraus durch Trennung des Reellen und Imaginären als reeller Teil:

$$(8) \ldots \int_0^{\infty} \frac{q \sin ax \sin bx - x \cos ax \cos bx}{q^2+x^2} dx = \frac{\pi}{2} e^{-aq}(e^{bq} - e^{-bq}), \quad a > b > o.$$

In Bezug auf das Integral

$$\int_{-\infty}^{+\infty} \frac{e^{(a+b)xi} + e^{(a-b)xi}}{q+xi} dx$$

sollen betreffs der Konstanten dieselben Voraussetzungen gelten wie oben. Nun ist

$$\operatorname{Res} f(qi) = \frac{e^{-aq}}{i}(e^{bq} + e^{-bq}).$$

Und da $\int_{-\infty}^{+\infty}$ einen endlichen und bestimmten Wert hat und

$$\int_{-\infty}^{0} f(x)\,dx = \int_0^{\infty} \frac{e^{-(a+b)xi} + e^{-(a-b)xi}}{q-xi} dx,$$

so haben wir

$$(**) \ldots \int_0^{\infty} \frac{[e^{-(a+b)xi} + e^{-(a-b)xi}](q+xi) + [e^{(a+b)xi} + e^{(a-b)xi}](q-xi)}{q^2+x^2} dx$$

$$= 2\pi e^{-aq}(e^{bq} + e^{-bq}),$$

woraus durch Trennung des Reellen und Imaginären als reeller Teil:

$$(9) \ldots \int_0^{\infty} \frac{q \cos ax \cos bx + x \sin ax \cos bx}{q^2+x^2} dx = \frac{\pi}{2} e^{-aq}(e^{bq} + e^{-bq}), \quad a > b > 0.$$

Nun aber

$$\int_{-\infty}^{+\infty} \frac{-e^{(a+b)xi} + e^{(a-b)xi}}{q-xi} dx = 0,$$

weil der Pol $z = -qi$ ausserhalb des Integrationsgebiets liegt. Und da

$$\int_{-\infty}^{0} f(x)\,dx = \int_0^{\infty} \frac{-e^{-(a+b)xi} + e^{-(a-b)xi}}{q+xi} dx,$$

so erhalten wir

$$\int_0^\infty \frac{[-e^{-(a+b)xi}+e^{-(a-b)xi}](q-xi)+[-e^{(a+b)xi}+e^{(a-b)xi}](q+xi)}{q^2+x^2}\,dx = 0.$$

Die linke Seite dieses Integrals zu derjenigen von Gleichung (*) addiert, giebt, wenn gleich das Reelle und Imaginäre getrennt wird, als reellen Teil:

$$(10) \quad \int_0^\infty \frac{\sin a x \sin b x}{q^2+x^2}\,dx = \frac{\pi}{4q} e^{-aq}(e^{bq}-e^{-bq}), \quad a > b > 0.$$

Und damit vermöge Gleichung (8) das weitere Resultat

$$(11) \quad \int_0^\infty \frac{x \sin b x \cos a x}{q^2+x^2}\,dx = -\frac{\pi}{4}(e^{bq}-e^{-bq}), \quad a > b > 0.$$

Ferner wird sein

$$\int_{-\infty}^{+\infty} \frac{e^{(a+b)xi}+e^{(a-b)xi}}{q-xi}\,dx = 0,$$

weil auch hier der Pol $z = -qi$ ausserhalb des Integrationsgebiets liegt. Da aber

$$\int_{-\infty}^{0} = \int_0^\infty \frac{e^{-(a+b)xi}+e^{-(a-b)xi}}{q+xi}\,dx,$$

so erhalten wir

$$\int_0^\infty \frac{[e^{-(a+b)xi}+e^{-(a-b)xi}](q-xi)+[e^{(a+b)xi}+e^{(a-b)xi}](q+xi)}{q^2+x^2}\,dx = 0.$$

Die linke Seite dieser Gleichung zu derjenigen von Gleichung (**) addiert, giebt, wenn gleich das Reelle vom Imaginären getrennt wird, als reellen Teil:

$$(12) \quad \int_0^\infty \frac{\cos a x \cos b x}{q^2+x^2}\,dx = \frac{\pi}{4q} e^{-aq}(e^{bq}+e^{-bq}), \quad a > b > 0.$$

Und damit vermöge Gleichung (9) das weitere Resultat

$$(13) \quad \int_0^\infty \frac{x \sin a x \cos b x}{q^2+x^2}\,dx = \frac{\pi}{4} e^{-aq}(e^{bq}+e^{-bq}), \quad a > b > 0.$$

5. Beispiel. $$\int_{-\infty}^{+\infty} \frac{e^{axi}}{(b+xi)^m}\,dx,$$

worin a und b beliebige positive Zahlen sein sollen, m dagegen eine positive ganze Zahl. Wir werden alsdann wieder den in der oberen Halbebene gelegenen, unendlich grossen geschlossenen Halbkreis als Integrationsweg wählen müssen. Der Pol $z = bi$, in welchem die Funktion $f(z)$ von der mten Ordnung unendlich wird, liegt dann innerhalb desselben. Setzen wir (§ 4)

$$F(z) = e^{azi} \text{ und } \varphi(z) = \frac{1}{(b + zi)^m},$$

so ergiebt sich

$$\psi(\alpha) = \lim_{u=0} u^m \varphi(bi + u) = \lim_{u=0} \frac{u^m}{(iu)^m} = (-i)^m,$$

und damit

$$\psi'(\alpha) = 0$$
$$\psi''(\alpha) = 0, \quad F^{(m-1)}(\alpha) = (ai)^{m-1} e^{-ab},$$
$$\cdots\cdots$$

womit

$$\operatorname{Res} f(\alpha) = \operatorname{Res}[F(bi) \cdot \varphi(bi)] = \frac{(-i)^m (ai)^{m-1} e^{-ab}}{(m-1)!} = \frac{(-i) a^{m-1} e^{-ab}}{(m-1)!}.$$

Im Integral $\int \frac{e^{axi}}{(b + xi)^m} dx \left[= \int \frac{e^{axi} e^{-m\Theta i}}{(b^2 + x^2)^{\frac{m}{2}}} dx, \text{ wo } \Theta \text{ von bekannter Bedeutung} \right]$ verhält sich aber für sehr grosse x der Ausdruck $(b^2 + x^2)^{\frac{m}{2}}$ wie $(x^2)^{\frac{m}{2}} = (\pm x)^m$; mithin besitzt unser Integral $\int_{-\infty}^{+\infty}$ einen endlichen und bestimmten Wert, da die Integrale $\int_{-\infty}^{+\infty} \sin ax \, . \, x^{-m} dx$ und $\int_{-\infty}^{+\infty} \cos ax \, . \, x^{-m} dx$ für positive m im Unendlichen nicht sinnlos sind (s. die Fussnote bei Beisp. 3). Endlich ist gemäss § 15 das Integral über den unendlich grossen Halbkreis $\int_H = 0$; wir erhalten daher

$$(14) \,.\, \int_{-\infty}^{+\infty} \frac{e^{axi}}{(b + xi)^m} dx = \frac{2\pi}{(m-1)!} a^{m-1} e^{-ab}, \quad a, b > 0 \text{ und m eine pos. gz. Zahl.}$$

6. Beispiel. $$\int_{-\infty}^{+\infty} \frac{e^{-pxi}}{(a + xi)^r (b + xi)^s \ldots} \cdot \frac{dx}{q^2 + x^2},$$

worin a, b, ...; p, q positiv sein sollen, ebenso r, s, ... beliebige positive Grössen bedeuten, die also nicht notwendig ganze Zahlen zu sein brauchen. Als Integrationsweg werden wir den in der unteren Halbebene gelegenen, unendlich grossen geschlossenen Halbkreis wählen müssen; die Unstetigkeitspunkte $z = ai, bi, \ldots$ der resp. Funktionen $\frac{1}{(a + zi)^r}, \frac{1}{(b + zi)^s}, \ldots$ liegen alsdann ausserhalb des Integrationsgebiets und nur der Pol $z = -qi$ ist innerhalb desselben. Nun ist

$$\operatorname{Res} f(-qi) = i \frac{e^{-pq}}{2q(a + q)^r (b + q)^s \ldots},$$

womit, da $\int\limits_{-\infty}^{+\infty}$ im Unendlichen offenbar nicht sinnlos ist und $\int\limits_{H} = 0$,

$$(15) \ldots \int\limits_{-\infty}^{+\infty} \frac{e^{-pxi}}{(a+xi)^r (b+xi)^s \ldots} \cdot \frac{dx}{q^2+x^2} = \frac{\pi}{q} \frac{e^{-pq}}{(a+q)^r (b+q)^s \ldots},$$

$$a, b, \ldots; p, q; r, s, \ldots > 0.$$

Diese Gleichung bleibt selbst dann noch in Kraft, wenn die Konstanten q, a, b, ... solche komplexe Werte erhalten, deren reelle Teile positiv sind. Sei z. B.

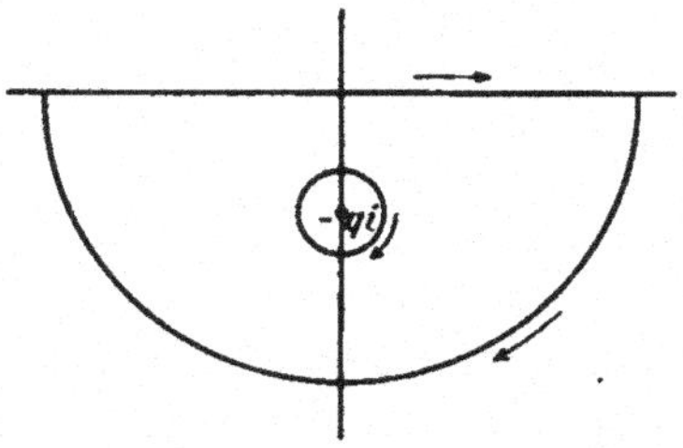

$$a = \lambda + \mu i, \text{ wo } \lambda \text{ positiv},$$

so wird die Funktion unter dem Integralzeichen unstetig für

$$z = (\lambda + \mu i) i = -\mu + i\lambda,$$

d. h. in einem Punkte ausserhalb des Integrationsgebiets, wie dies auch unter Voraussetzung eines reellen a der Fall war.

Sei ferner

$$q = \lambda_1 + \mu_1 i, \text{ wo } \lambda_1 \text{ positiv},$$

so würde innerhalb des Integrationsgebiets zu liegen kommen der Pol

$$z = -(\lambda_1 + \mu_1 i) i = +\mu_1 - \lambda_1 i,$$

womit

$$\operatorname{Res} f(\mu_1 - \lambda_1 i) = \frac{e^{-ip(\mu_1 - \lambda_1 i)}}{[a + i(\mu_1 - \lambda_1 i)]^r [\ldots]^s \ldots} \cdot \frac{1}{2(\mu_1 - \lambda_1 i)}$$

$$= \frac{e^{-p(\lambda_1 + \mu_1 i)}}{[a + (\lambda_1 + \mu_1 i)]^r [\ldots]^s \ldots} \cdot \frac{i}{2(\lambda_1 + \mu_1 i)}$$

$$= \frac{e^{-pq}}{(a+q)^r (b+q)^s \ldots} \cdot \frac{i}{2q}.$$

In der Entwicklung wird also gegenüber früher nichts geändert.

Es stammt vorliegendes Integral von Dirichlet her*). Dasselbe enthält eine Fülle von einzelnen Resultaten; u. a. leitet er aus ihm folgendes Integral her:

7. Beispiel.

$$\int\limits_{-\infty}^{+\infty} \frac{e^{-axi}}{[\lg(h+xi)]^m \cdot [\lg(g+xi)]^n \ldots} \cdot \frac{1}{(k+xi)^p (l+xi)^q \ldots} \cdot \frac{dx}{b^2+x^2},$$

worin a und b; k, l, ... positiv sind, ebenso m, n, ...; p, q, ... beliebige positive Zahlen bedeuten; h, g, ... dagegen positive Grössen, die grösser als die Einheit sind.

Der Integrationsweg ist alsdann derselbe wie im vorigen Beispiele; mit Ausnahme des Pols

$$z = -bi$$

liegt innerhalb desselben keiner der Verzweigungspunkte $z = ih, ig, \ldots; ik, il \ldots;$

*) Crelle'sches Journal, Band 4.

ebenso keiner der Punkte, für welche $h + iz = 1$, $g + iz = 1, \ldots$, d. h. keiner der Unstetigkeitspunkte $z = -(1-h)i, \; -(1-g)i, \ldots$

Nun ist

$$\operatorname{Res} f(-bi) = \frac{e^{-ab}}{[\lg(h+b)]^m \cdot [\lg(g+b)]^n \ldots} \cdot \frac{1}{(k+b)^p (l+b)^q \ldots} \cdot \frac{-1}{2bi} \text{ *)},$$

sonach, weil $\int\limits_{-\infty}^{+\infty}$ im Unendlichen nicht sinnlos ist und $\int\limits_H = 0$,

$$(16) \; . \int\limits_{-\infty}^{+\infty} \frac{e^{-axi}}{[\lg(h+xi)]^m \cdot [\lg(g+xi)]^n \ldots} \cdot \frac{1}{(k+xi)^p (l+xi)^q \ldots} \cdot \frac{dx}{b^2+x^2}$$

$$= \frac{\pi}{b} \frac{e^{-ab}}{[\lg(h+b)]^m \cdot [\lg(g+b)]^n \ldots} \cdot \frac{1}{(k+b)^p (l+b)^q \ldots}.$$

Die Konstanten $m, n, \ldots; \; p, q, \ldots; \; k, l, \ldots; \; h, g, \ldots$ können, wie man leicht sieht, auch komplexe Werte bezeichnen, deren reelle Teile zu den positiven Grössen gehören und für die Grössen $h, g, \ldots$ grösser als die Einheit sind.

8. Beispiel. $$\int\limits_0^{+\infty} \frac{x^{a-1}}{1+x} dx,$$

worin a ein rationaler Bruch oder eine irrationale Zahl sein soll.

Als Integrationsweg können wir den in der oberen oder unteren Halbebene gelegenen, unendlich grossen geschlossenen Halbkreis wählen; nehmen wir ersteren. Innerhalb dieses Wegs ist $f(z)$ vollständig stetig; dagegen kommen auf die geradlinige Begrenzung desselben zu liegen 1) der Pol $z = -1$ und 2) der Verzweigungspunkt $z = 0$, in welchem, wenn $a < 1$, $f(z) = \frac{z^{a-1}}{1+z}$ unendlich wird. In Bezug auf den Pol $z = -1$ machen wir die einschliessende **), unendlich kleine halbkreisförmige Ausbiegung h; für $z = 0$ die ausschliessende Ausbiegung h_1. Innerhalb dieses so bestimmten Gebiets ist die Funktion $f(z)$, mit Ausnahme des Punkts $z = -1$, durchaus stetig. Sie ist aber auch eindeutig, wenn wir einen bestimmten Zweig der vieldeutigen — im Falle eines irrationalen a unendlichdeutigen — Funktion z^{a-1} ins Auge fassen; wir wählen den Zweig der einfachsten Funktionswerte, der für die Punkte der positiven X-Achse die positiven reellen Funktionswerte x^{a-1} liefert, nämlich die Werte, die, wenn $z = re^{i\varphi}$ gesetzt wird, sich aus

$$z^{a-1} = r^{a-1} e^{i(\varphi + 2k\pi)(a-1)}$$

ergeben für $k = 0$ und $\varphi = 0$. Da nun in Bezug auf den Punkt $z = 0$ die Ausbiegung nach der positiven Seite hin stattfinden soll, so sind den Punkten der negativen X-Achse diejenigen Werte zuzuweisen, die sich ergeben aus obiger Formel für $k = 0$ und $\varphi = \pi$, d. h.:

$$f(-x) = x^{a-1} e^{i\pi(a-1)} = -x^{a-1} e^{ia\pi}.$$

*) Unter dem Zeichen lg stellen wir uns den „einfachsten" Wert des natürlichen Logarithmus vor, also $\lg(u + iv) = \lg r + i\psi$, wo $\psi = \operatorname{arctg} \frac{v}{u}$ zwischen $-\frac{\pi}{2}$ und $+\frac{\pi}{2}$ liegt und r der Modulus der komplexen Grösse $u + iv$ ist.

**) Ebensogut könnte natürlich die ausschliessende Ausbiegung gemacht werden.

Nun ist

$$(*) \quad \ldots \quad \text{Hptw.} \int_{-\infty}^{+\infty} \frac{x^{a-1}}{1+x}\,dx + \int_h + \int_{h_1} + \int_H = 2\pi i \operatorname{Res} f(-1).$$

Die beiden Integrale Hptw. $\int_{-\infty}^{0}$ und $\int_{0}^{\infty}$ sind für ihre Grenzen ∞ konvergent, wenn $a < 1$ (§ 9); unter dieser Bedingung ist aber auch in Bezug auf den unendlich grossen Halbkreis $\lim_{z=\infty} z f(z) = 0$, womit (§ 14)

$$\int_H = 0.$$

Beide Integrale Hptw. $\int_{-\infty}^{0}$ und $\int_{0}^{\infty}$ können sodann in den Verzweigungs- und Unstetigkeitspunkt $z = 0$ hineingeführt werden, wenn $a > 0$ (§ 9); unter dieser Bedingung aber auch $\lim_{z=0} z f(z) = 0$, womit (§ 13)

$$\int_{h_1} = 0.$$

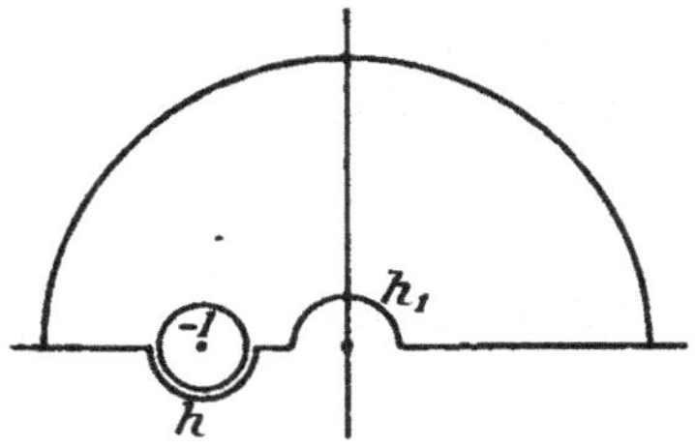

Ferner ist nach § 11

$$\int_h = \pi i \operatorname{Res} f(-1).$$

Aber

$$\operatorname{Res} f(-1) = e^{i\pi(a-1)} = -e^{ia\pi},$$

somit wird, da Hptw. $\int_{-\infty}^{0} = -e^{ia\pi}$ Hptw. $\int_{0}^{\infty} \frac{x^{a-1}}{1-x}\,dx$, aus unserer Gleichung (*)

$$-e^{ia\pi}\,\text{Hptw.} \int_0^\infty \frac{x^{a-1}}{1-x}\,dx + \int_0^\infty \frac{x^{a-1}}{1+x}\,dx = -\pi i e^{ia\pi}.$$

Und da die Elemente der beiden Integrale Hptw. $\int_0^\infty \frac{x^{a-1}}{1-x}\,dx$ und $\int_0^\infty \frac{x^{a-1}}{1+x}\,dx$ alle reell, so ergiebt sich hieraus durch Trennung des Reellen und Imaginären als imaginärer Teil:

$$(17) \quad \ldots \ldots \quad \text{Hptw.} \int_0^\infty \frac{x^{a-1}}{1-x}\,dx = \pi \operatorname{ctg} a\pi, \quad 0 < a < 1.$$

Diesen Wert in die Gleichung des reellen Teils eingesetzt, liefert

$$(18) \quad \int_0^\infty \frac{x^{a-1}}{1+x}\,dx = \pi \operatorname{cosec} a\pi, \quad 0 < a < 1.$$

Anmerkung 1. Wählen wir als Integrationsweg den geschlossenen Halbkreis der unteren Halbebene, so ist in Bezug auf $z = 0$ die Ausbiegung nach der negativen Seite zu machen; den Pol $z = -1$ schliessen wir wieder ein. Den Punkten der positiven X-Achse weisen wir auch diesesmal die positiven reellen Funktionswerte von z^{a-1} zu; alsdann haben wir denen der negativen X-Achse diejenigen Werte beizulegen, die sich ergeben aus $z^{a-1} = r^{a-1} e^{i(\varphi + 2k\pi)(a-1)}$ für $k = 0$ und $\varphi = -\pi$, d. h. $f(-x) = x^{a-1} e^{-i\pi(a-1)} = -x^{a-1} e^{-ia\pi}$.

Nun ist

$$(**) \quad \text{Hptw.} \int_{-\infty}^{+\infty} \frac{x^{a-1}}{1+x}\,dx + \int_h + \int_{h_1} + \int_H = -2\pi i \operatorname{Res} f(-1).$$

Die Bedingungen für die Konvergenz der beiden Integrale Hptw. $\int_{-\infty}^0$ und $\int_0^\infty$ und für das Nullsein von $\int_{h_1}$ und $\int_H$ sind offenbar dieselben wie oben; dagegen ist

$$\int_h = -\pi i \operatorname{Res} f(-1)$$

und

$$\operatorname{Res} f(-1) = -e^{-ia\pi}.$$

Somit wird, da Hptw. $\int_{-\infty}^0 = -e^{-ia\pi}$ Hptw. $\int_0^\infty \frac{x^{a-1}}{1-x}\,dx$, aus unserer Gleichung (**)

$$-e^{-ia\pi} \text{Hptw.} \int_0^\infty \frac{x^{a-1}}{1-x}\,dx + \int_0^\infty \frac{x^{a-1}}{1+x}\,dx = \pi i e^{-ia\pi}.$$

Durch Trennung des Reellen und Imaginären als imaginärer Teil:

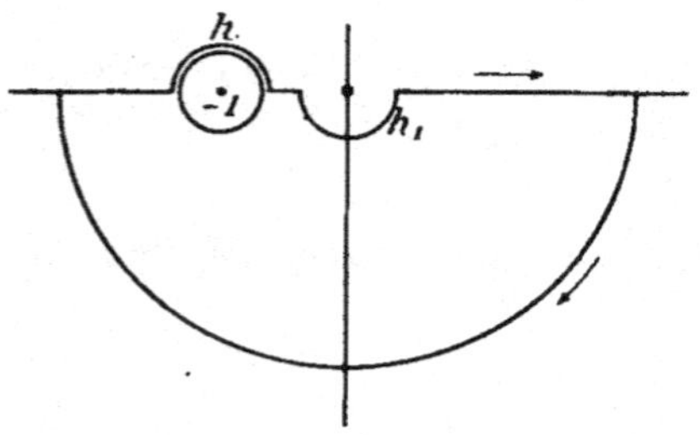

$$\text{Hptw.} \int_0^\infty \frac{x^{a-1}}{1-x}\,dx = \pi \operatorname{ctg} a\pi.$$

Diesen Wert in die Gleichung des reellen Teils eingesetzt, liefert

$$\int_0^\infty \frac{x^{a-1}}{1+x}\,dx = \pi \operatorname{cosec} a\pi,$$

also dieselben Resultate wie oben.

Anmerkung 2. Wollten wir den Verzweigungspunkt $z = 0$ in das Integrationsgebiet einschliessen, so könnte dies selbstverständlich geschehen; nur wäre alsdann auch der ∞ ferne Punkt der $+$ X-Achse, der ein 2ter Verzweigungspunkt der zu integrierenden Funktion ist, in dasselbe aufzunehmen [s. Fussnote **) zu § 1]. Um auch hiefür ein Paradigma zu haben, möge für das obige Beispiel die Rechnung hier durchgeführt werden:

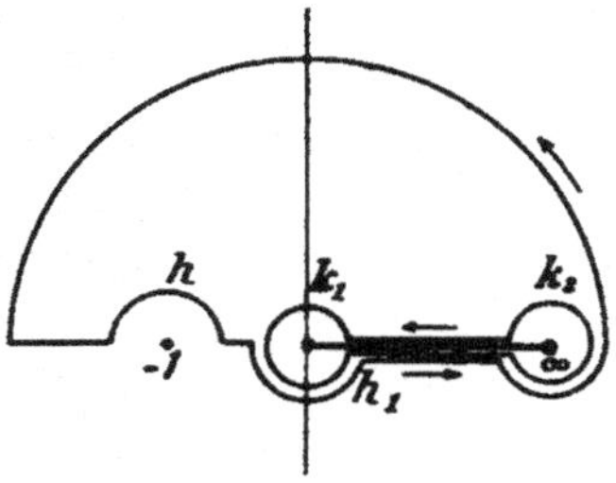

Als Integrationsweg wählen wir wieder, wie zuerst, den geschlossenen Halbkreis der oberen Halbebene. Den Pol $z = -1$ schliessen wir am einfachsten aus. Die zu beiden Seiten der $+$ X-Achse entlang geführten Integrale samt den über die beiden ∞ kleinen Kreischen k_1 und k_2 um $z = 0$ und $z = +\infty$ erstreckten Integralen sollen mit $\int_K$ bezeichnet sein. Alsdann ist, da beim Umkreisen der hantelförmigen Begrenzung K der Wert der Funktion $\frac{z^{a-1}}{1+z}$ nicht geändert wird, und innerhalb des 2fach begrenzten Flächenstücks T die Funktion $f(z)\left[= \frac{z^{a-1}}{1+z}\right]$ synektisch ist, das über die äussere Begrenzung U der X-Achse mit den selbstverständlichen Ausbiegungen h und h_1 (s. die Figur) und des ∞ grossen Halbkreises H genommene Integral gleich dem über K erstreckten Integral $\int_K$, so dass also die Gleichung gilt:

$$(*) \quad \ldots\ldots\ldots\ldots \quad \text{Hptw.} \int_{-\infty}^{+\infty} + \int_h + \int_{h_1} + \int_H = \int_K,$$

wo

$$\int_K = \int_0^{\infty} + \int_{k_2} + \int_{\infty}^{0} + \int_{k_1}.$$

Weisen wir nun in Bezug auf die Funktion z^{a-1} den Punkten auf der rechten Seite der $+$ X-Achse $0\,\infty$ die Funktionswerte x^{a-1} zu, so haben wir denjenigen der linken Seite die Werte $x^{a-1}e^{-2ia\pi}$ und denjenigen der negativen X-Achse die Werte $-x^{a-1}e^{-ia\pi}$ beizulegen. Damit aber wird das Integral

$$\text{Hptw.} \int_{-\infty}^{0} = -e^{-ia\pi} \int_0^{\infty} \frac{x^{a-1}}{1-x}\,dx$$

und das Integral

$$\int_{\infty}^{0} = -e^{-2ia\pi} \int_0^{\infty} \frac{x^{a-1}}{1+x}\,dx.$$

Ferner

$$\int_h = -i\pi \operatorname{Res} f(-1) = i\pi e^{-ia\pi}.$$

Sodann unter denselben Bedingungen wie oben

$$\int_{h_1},\ \int_{H},\ \int_{k_1},\ \int_{k_2} = 0.$$

Damit aber geht, da das vom Hptw. $\int_{-\infty}^{+\infty}$ losgetrennte Integral $\int_0^\infty$ links und das Integral $\int_0^\infty$ rechts sich gegenseitig aufheben, obige Gleichung (*) über in

$$-e^{-ia\pi}\ \text{Hptw.}\int_0^\infty \frac{x^{a-1}}{1-x}\,dx + i\pi e^{-ia\pi} = -e^{-2ia\pi}\int_0^\infty \frac{x^{a-1}}{1+x}\,dx$$

oder, wenn gesetzt wird Hptw. $\int_0^\infty \frac{x^{a-1}}{1-x}\,dx \equiv X$ und $\int_0^\infty \frac{x^{a-1}}{1+x}\,dx \equiv Y$,

$$-e^{-ia\pi}X + e^{2ia\pi}Y = -i\pi e^{-ia\pi}.$$

Hieraus durch Trennung des Reellen und Imaginären als reeller Teil

$$X\cos a\pi - Y\cos 2a\pi = \pi\sin a\pi,$$

als imaginärer Teil

$$X\sin a\pi - Y\sin 2a\pi = -\pi\cos a\pi.$$

Aus diesen beiden Gleichungen aber ergiebt sich

$$X = \pi\,\text{ctg}\,a\pi \quad \text{und} \quad Y = \pi\,\text{cosec}\,a\pi,$$

also dasselbe Resultat wie oben. — Der Vergleich dieser Rechnung mit den beiden vorstehenden Lösungen zeigt, dass es, wie schon in § 8 betont, in der That zweckmässiger ist, etwaige auf dem Integrationswege liegende Verzweigungspunkte durch eine (halbkreisförmige) Ausbiegung von dem Integrationsgebiet auszuschliessen.

9. Beispiel. $$\int_0^{+\infty} \frac{dx}{x^{\mu}(x^2-a^2)},$$

worin μ ein rationaler Bruch oder eine irrationale Zahl, a dagegen eine komplexe Grösse sein soll. Als Integrationsweg können wir wieder den in der oberen oder unteren Halbebene gelegenen, unendlich grossen geschlossenen Halbkreis wählen; wir wollen den ersteren nehmen. Machen wir dann in Bezug auf den Verzweigungspunkt die ausschliessende, unendlich kleine halbkreisförmige Ausbiegung h, so enthält — wenn wir festsetzen, dass der imaginäre Teil von a positiv sein soll*) — unsere Funktion f(z) innerhalb dieses Wegs ausser dem Pol $z = a$ keinen Unstetigkeitspunkt. Die Funktion f(z) ist aber innerhalb dieses Wegs auch eindeutig, wenn wir einen bestimmten Zweig der vieldeutigen (unendlichdeutigen) Funktion $z^{\mu} = r^{\mu} e^{i(\varphi + 2k\pi)\mu}$ ins Auge fassen, z. B. denjenigen, der sich ergiebt für $k = 0$; den Punkten der positiven X-Achse fallen dann

*) wodurch die Allgemeinheit offenbar nicht beschränkt wird, da der Wert des Integrals bei der Verwandlung von a in —a ungeändert bleibt.

die positiven reellen Funktionswerte x^μ, denjenigen der negativen X-Achse die Werte $x^\mu e^{i\mu\pi}$ zu.

Nun ist

$$(*) \quad \ldots\ldots \quad \text{Hptw.} \int_{-\infty}^{+\infty} \frac{dx}{x^\mu (x^2 - a^2)} + \int_h + \int_H = 2\pi i \operatorname{Res} f(a).$$

Die beiden Integrale $\int_{-\infty}^{0}$ und $\int_{0}^{\infty}$ sind für ihre Grenzen ∞ konvergent, wenn $\mu > -1$; unter dieser Bedingung ist aber auch in Bezug auf den unendlich grossen Halbkreis $\lim_{z=\infty} z\, f(z) = 0$, womit $\int_H = 0$.

Beide Integrale $\int_{-\infty}^{0}$ und $\int_{0}^{\infty}$ können sodann in den Verzweigungspunkt $z = 0$*) hineingeführt werden, wenn $\mu < 1$; unter dieser Bedingung ist aber auch $\lim_{z=0} z\, f(z) = 0$, womit $\int_h = 0$.

Ferner

$$\operatorname{Res} f(a) = \frac{1}{2\, a^{\mu+1}},$$

somit wird, da $\int_{-\infty}^{0} = e^{-i\mu\pi} \int_{0}^{\infty} \frac{dx}{x^\mu (x^2 - a^2)}$, aus unserer Gleichung (*)

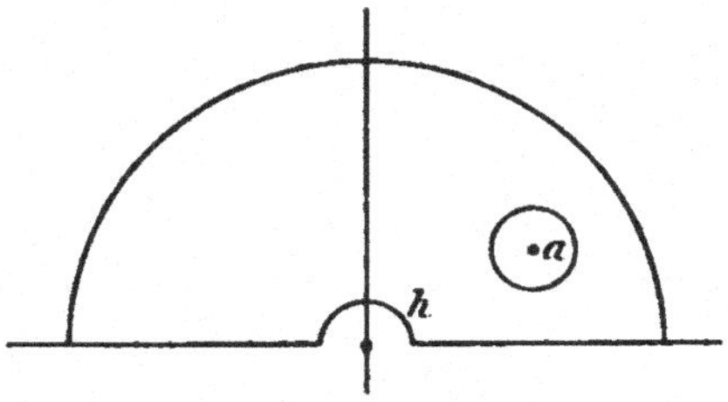

$$\ldots\ldots \quad (1 + e^{-i\mu\pi}) \int_0^\infty \frac{dx}{x^\mu (x^2 - a^2)} = \frac{\pi i}{a^{\mu+1}},$$

woraus

$$(19) \quad \ldots\ldots \quad \int_0^\infty \frac{dx}{x^\mu (x^2 - a^2)} = \frac{\pi i e^{i\frac{\mu\pi}{2}}}{2\, a^{\mu+1} \cos\frac{\mu\pi}{2}}, \quad -1 < \mu < 1.$$

Machen wir hierin die Substitution $x^2 = y$ und setzen $\mu = 2\lambda - 1$, ferner $a^2 = \alpha$, so ergiebt sich

$$(19\text{a}) \quad \ldots\ldots\ldots \quad \int_0^\infty \frac{dx}{x^\lambda (x - \alpha)} = \frac{\pi e^{i\lambda\pi}}{\alpha^\lambda \sin\lambda\pi}.$$

Setzt man ferner $a = i$, d. h. $\alpha = -1$, so folgt

$$(19\text{b}) \quad \ldots\ldots \quad \int_0^\infty \frac{dx}{x^\lambda (1 + x)} = \pi \operatorname{cosec} \lambda\pi, \quad 0 < \lambda < 1,$$

und hieraus für $\lambda = 1 - a$

---

*) in welchem die Funktion $f(z)$ unendlich gross wird, wenn $\mu > 0$.

$$\int_0^\infty \frac{x^{a-1}}{1+x}\,dx = \pi \operatorname{cosec} a\pi,\ 0 < a < 1\text{*)}.$$

In Gleichung (19) $\mu = 1 - a$ und $a = i$ gesetzt, liefert

(19c) . . . .
$$\int_0^\infty \frac{x^{a-1}}{1+x^2}\,dx = \frac{\pi}{2} \operatorname{cosec} \frac{a\pi}{2},\ 0 < a < 2.$$

10. Beispiel.
$$\int_0^\infty \frac{x^{a-1}}{1+x^2+x^4}\,dx,$$

worin a ein rationaler Bruch oder eine irrationale Zahl sein soll.

Als Integrationsweg können wir, wie in den beiden vorhergehenden Beispielen, den in der oberen oder unteren Halbebene gelegenen, unendlich grossen geschlossenen Halbkreis wählen; wir nehmen den ersteren. Schliessen wir den Verzweigungspunkt $z = 0$ durch eine unendlich kleine halbkreisförmige Ausbiegung aus, dann ist unsere Funktion $f(z)$ innerhalb dieses Wegs durchaus stetig, ausgenommen in den Punkten

$$\alpha_1 = e^{i\frac{\pi}{3}} \text{ und } \alpha_2 = e^{i\frac{2\pi}{3}};$$

sie ist eindeutig, wenn wir unter z^{a-1} z. B. den Zweig der einfachsten Funktionswerte verstehen, also eine Funktion, welche für die Punkte der positiven X-Achse die positiven, reellen Funktionswerte x^{a-1}, für die Punkte der negativen X-Achse die Werte $-x^{a-1} e^{ia\pi}$ geben. Nun ist

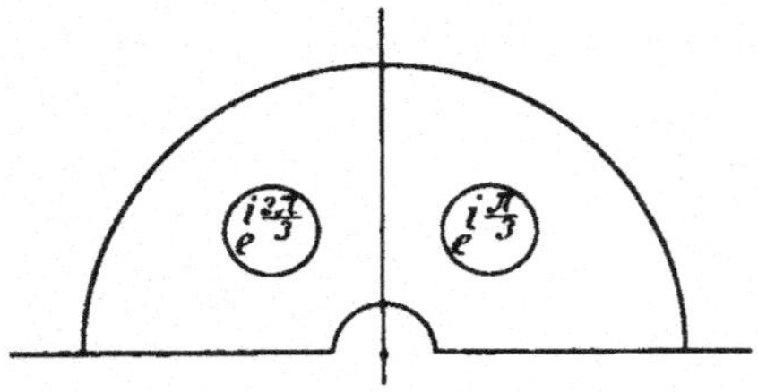

(*) . . . Hptw.
$$\int_{-\infty}^{+\infty} \frac{x^{a-1}}{1+x^2+x^4}\,dx + \int_h + \int_H = 2\pi i \sum_{p=1}^{p=2} \operatorname{Res} f(\alpha_p).$$

Die beiden Integrale $\int_{-\infty}^{0}$ und $\int_{0}^{\infty}$ sind für ihre Grenzen ∞ konvergent, wenn $a < 4$; unter dieser Bedingung ist aber auch in Bezug auf den unendlich grossen Halbkreis $\lim\limits_{z=\infty} z f(z) = 0$, womit

$$\int_H = 0.$$

Beide Integrale $\int_{-\infty}^{0}$ und $\int_{0}^{\infty}$ können sodann in den Verzweigungspunkt $z = 0$**) hineingeführt werden, wenn $a > 0$; unter dieser Bedingung ist aber auch der auf den unendlich kleinen Halbkreis des Punkts $z = 0$ bezügliche $\lim\limits_{z=0} z f(z) = 0$, womit

*) Siehe Gleichung (18), sowie die aus Gleichung (3) gewonnene Gleichung.

**) in welchem die Funktion $f(z)$ unendlich gross wird, wenn $a < 1$.

$$\int_h = 0.$$

Ferner ist

$$\operatorname{Res} f\left(e^{i\frac{\pi}{3}}\right) = \frac{e^{i\frac{\pi}{3}(a-1)}}{2e^{i\frac{\pi}{3}}\left(1+2e^{i\frac{2\pi}{3}}\right)} = \frac{e^{i\frac{\pi}{3}(a-2)}}{2i\sqrt{3}}$$

und

$$\operatorname{Res} f\left(e^{i\frac{2\pi}{3}}\right) = \frac{e^{i\frac{2\pi}{3}(a-1)}}{2e^{i\frac{2\pi}{3}}\left(1+2e^{i\frac{4\pi}{3}}\right)} = \frac{-e^{i\frac{2\pi}{3}(a-2)}}{2i\sqrt{3}},$$

somit wird, da $\int_{-\infty}^{0} = -e^{ia\pi}\int_0^{\infty}\frac{x^{a-1}}{1+x^2+x^4}dx$, aus unserer Gleichung (*)

$$(1-e^{ia\pi})\int_0^{\infty}\frac{x^{a-1}}{1+x^2+x^4}dx = \frac{\pi}{\sqrt{3}}\left[e^{i\frac{\pi}{3}(a-2)} - e^{i\frac{2\pi}{3}(a-2)}\right],$$

woraus nach kurzer Rechnung sich ergiebt:

$$(20)\ .\quad . \quad . \int_0^{\infty}\frac{x^{a-1}}{1+x^2+x^4}dx = \frac{\pi}{\sqrt{3}}\operatorname{cosec}\frac{a\pi}{2}\sin\frac{2-a}{6}\pi,\ 0 < a < 4.$$

11. Beispiel. $$\int_{-\infty}^{+\infty}\frac{1}{(1+iqx)^p}\cdot\frac{dx}{1+x^2},$$

wo p einen rationalen Bruch oder eine irrationale Zahl bedeuten möge.

Der Verzweigungspunkt $z = \frac{i}{q}$ der vieldeutigen (unendlichdeutigen) Funktion $(1+iqz)^p$ liegt in der oberen Halbebene, wenn q positiv reell, oder eine komplexe Grösse ist, deren reeller Teil zu den positiven Grössen gehört. Wir integrieren unter dieser Annahme über den unendlich grossen geschlossenen Halbkreis der unteren Halbebene. Innerhalb dieses Wegs befindet sich ausser dem Pol $z = -i$ kein Unstetigkeitspunkt. In Bezug auf die vieldeutige Funktion $(1+iqz)^p$ wählen wir, um Eindeutigkeit zu schaffen, den Zweig der einfachsten Funktionswerte und können so für die Punkte der X-Achse schreiben:

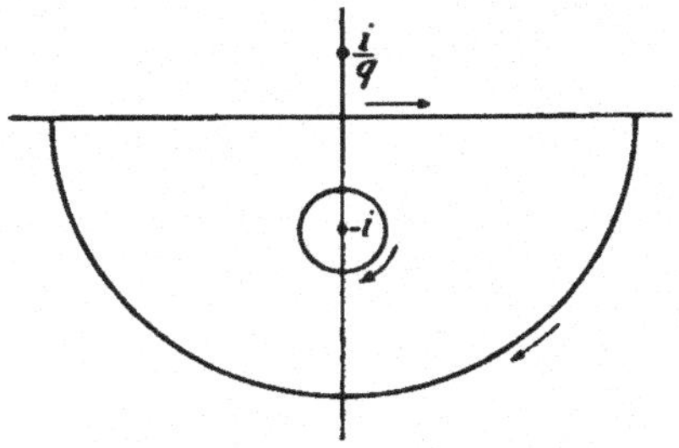

$$(1+iqx)^p = (1+q^2x^2)^{\frac{p}{2}}\,e^{ip\operatorname{arctg} qx}\,{}^{*)}$$

und hieraus

$$\frac{1}{(1+iqx)^p} = \frac{e^{-ip\operatorname{arctg} qx}}{(1+q^2x^2)^{\frac{p}{2}}}.$$

---

*) wo arctg zwischen $-\frac{\pi}{2}$ und $+\frac{\pi}{2}$.

Nun ist

$$(*) \ldots\ldots \text{Hptw.} \int_{-\infty}^{+\infty} \frac{1}{(1+iqx)^p} \frac{dx}{1+x^2} + \int_H = -2\pi i \operatorname{Res} f(-i).$$

Das Integral $\int_{-\infty}^{+\infty}$ ist aber für positive p im Unendlichen nicht sinnlos (s. Beisp. 5); unter dieser Bedingung aber auch der auf den unendlich grossen Halbkreis bezügliche $\lim_{z=\infty} z f(z) = 0$, womit $\int_H = 0$. Und da

$$\operatorname{Res} f(-i) = \frac{-1}{2i(1+q)^p}, \text{*)}$$

so wird aus unserer Gleichung (*)

$$(21) \ldots\ldots \int_{-\infty}^{+\infty} \frac{1}{(1+iqx)^p} \frac{dx}{1+x^2} = \frac{\pi}{(1+q)^p}.$$

Durch Trennung des Reellen und Imaginären und Übergang zu $\int_0^\infty$ ergiebt sich (als reeller Teil) das weitere Resultat

$$(22) \ldots\ldots \int_0^\infty \frac{\cos(p \operatorname{arctg} qx)}{(1+q^2x^2)^{\frac{p}{2}}} \frac{dx}{1+x^2} = \frac{\pi}{2(1+q)^p}.$$

12. Beispiel. $$\int_0^\infty \frac{\lg px}{q^2+x^2} dx,$$

wo p und q beliebige positive reelle Grössen sein sollen.

Die unendlichdeutige Funktion $\lg pz$ hat im Endlichen als einzige Singularität den auf der X-Achse gelegenen Verzweigungspunkt (2. Gattung) $z = 0$. Als Integrationsgebiet können wir daher die eine oder andere Halbebene wählen; nehmen wir die obere

---

*) Es wurde oben die Funktion $(1+iqz)^p$ auf der reellen Achse definiert durch die Formel

$$(1+iqx)^p = (1+q^2x^2)^{\frac{p}{2}} e^{ip \operatorname{arctg} qx}.$$

Dass aber nun der so definierten Funktion für $z = -i$ in der That, wie hier angenommen, der reelle Wert $(1+q)^p$ entspricht, lässt sich folgendermassen streng beweisen:

Für kleine z kann offenbar gesetzt werden:

$$(1+iqz)^p = 1 + \binom{p}{1}(iqz)^1 + \binom{p}{2}(iqz)^2 + \ldots.$$

Für Werte von z auf der negativen imaginären Achse, die nahe beim Nullpunkt sind, ist demnach die Funktion $(1+iqz)^p$ reell, und da sie für $z = -iy$ jedenfalls in der Formel

$$(1+qy)^p e^{2k\pi i p}$$

enthalten ist, so folgt aus der Stetigkeit, dass ihr für die ganze negative imaginäre Achse die reellen Werte

$$(1+qy)^p$$

entsprechen.

und integrieren also über den in ihr gelegenen, aus dem Ursprung beschriebenen, unendlich grossen geschlossenen Halbkreis, schliessen ausserdem $z = 0$ durch eine unendlich kleine halbkreisförmige Ausbiegung aus, so liegt innerhalb dieses Wegs ausser dem Pole $z = qi$ kein Unstetigkeitspunkt. Um der Anforderung der Eindeutigkeit und Stetigkeit zu genügen, verstehen wir unter $\lg pz$ diejenige Funktion, die sich darstellen lässt in der Form

$$\frac{1}{2}\lg(p^2x^2 + p^2y^2) + i\,\mathrm{arctg}\,\frac{y}{x},$$

wo $\mathrm{arctg}\,\frac{y}{x}$ den kleinsten zwischen 0 und π gelegenen Bogen, dessen $\mathrm{tg} = \frac{y}{x}$, bedeutet.

Nun ist

$$(*) \ldots\ldots \text{Hptw.} \int_{-\infty}^{+\infty} \frac{\lg px}{q^2 + x^2}\,dx + \int_h + \int_H = 2\pi i \operatorname{Res} f(qi).$$

Die beiden Integrale $\int_{-\infty}^{0}$ und $\int_{0}^{\infty}$ sind aber offenbar für ihre Grenzen ∞ konvergent; ebenso für ihre Grenzen 0*). Ferner ist, weil sowohl der auf den unendlich grossen Halbkreis bezügliche $\lim\limits_{z=\infty} z f(z)$, als auch der auf den unendlich kleinen Halbkreis des Verzweigungspunkts $z = 0$ bezügliche $\lim\limits_{z=0} z f(z) = 0$,

$$\int_H = 0 \text{ und } \int_h = 0.$$

Endlich ist

$$\operatorname{Res} f(qi) = \frac{\lg pq + i\frac{\pi}{2}}{2qi}.$$

Somit wird, da $\int_{-\infty}^{0} = \int_0^{\infty} \frac{\lg px + i\pi}{q^2 + x^2}\,dx = \int_0^{\infty} \frac{\lg px}{q^2 + x^2}\,dx + i\pi \int_0^{\infty} \frac{dx}{q^2 + x^2}$, aus unserer Gleichung (*)

$$2\int_0^{\infty} \frac{\lg px}{q^2 + x^2}\,dx + i\pi \int_0^{\infty} \frac{dx}{q^2 + x^2} = \frac{\pi}{q}\lg pq + i\frac{\pi^2}{2q}.$$

Durch Trennung des Reellen und Imaginären:

$$(23) \ldots\ldots \int_0^{\infty} \frac{\lg px}{q^2 + x^2}\,dx = \frac{\pi}{2q}\lg pq \quad \text{und} \quad \int_0^{\infty} \frac{dx}{q^2 + x^2} = \frac{\pi}{2q}.$$

13. Beispiel. $$\int_{-\infty}^{+\infty} \lg(1 - ix)\frac{dx}{(1 + x^2)^2}.$$

Der Verzweigungspunkt $z = -i$ der unendlichdeutigen Funktion $\lg(1 - iz)$ liegt in der unteren Halbebene; wir müssen daher den in der oberen Halbebene gelegenen,

*) s. G. F. Meyer's Best. Integrale p. 51.

unendlich grossen geschlossenen Halbkreis als Integrationsweg nehmen; innerhalb desselben liegt als einziger Unstetigkeitspunkt der Pol $z = i$, in welchem die Funktion $\frac{1}{(1+z^2)^2}$ unstetig in 2ter Ordnung wird. Fassen wir sodann $\lg(1-iz)$ auf als diejenige Funktion, welche — wenn sie in ihren reellen und imaginären Bestandteil zerlegt wird — sich darstellen lässt in der Form

$$\frac{1}{2}\lg[(1+y)^2+x^2] - i\,\mathrm{arctg}\,\frac{x}{1+y},$$

wo $\mathrm{arctg}\,\frac{x}{1+y}$ den kleinsten zwischen $-\frac{\pi}{2}$ und $+\frac{\pi}{2}$ gelegenen Bogen, dessen $\mathrm{tg} = \frac{x}{1+y}$, bedeutet, so ist auch der Anforderung der Eindeutigkeit genügt.

Nun ist

$$(*) \; \ldots\ldots \; \text{Hptw.} \int_{-\infty}^{+\infty} \lg(1-ix)\frac{dx}{(1+x^2)^2} + \int_H = 2\pi i \,\mathrm{Res}\, f(i).$$

Das Integral $\int_{-\infty}^{+\infty}$ ist aber, dank der Nennerfunktion, im Unendlichen nicht sinnlos. Ferner ist der auf den unendlich grossen Halbkreis bezügliche $\lim_{z=\infty} z f(z) = 0$, womit

$$\int_H = 0.$$

Setzen wir sodann

$$F(z) = \lg(1-iz) \text{ und } \varphi(z) = \frac{1}{(1+z^2)^2},$$

so ergiebt sich

$$F(\alpha) = \lg 2, \quad F'(\alpha) = -\frac{i}{2}$$

und

$$\psi(\alpha) = \lim_{u=0}\frac{1}{(2i+u)^2} = -\frac{1}{4}, \quad \psi'(\alpha) = \lim_{u=0}\frac{-2(2i+u)}{(2i+u)^4} = -\frac{i}{4},$$

daher nach § 4

$$\mathrm{Res}\, f(i) = -\frac{1}{4}\left(-\frac{i}{2}\right) + \left(-\frac{i}{4}\right)\lg 2 = -\frac{i}{4}\left(\lg 2 - \frac{1}{2}\right),$$

und somit wird aus Gleichung (*)

$$(24) \; \ldots\ldots \int_{-\infty}^{+\infty} \lg(1-ix)\frac{dx}{(1+x^2)^2} = \frac{\pi}{2}\left(\lg 2 - \frac{1}{2}\right).$$

Durch Trennung des Reellen und Imaginären und Übergang zu $\int_0^\infty$:

$$(25) \; \ldots \int_0^\infty \frac{\lg(1+x^2)}{(1+x^2)^2}dx = \frac{\pi}{2}\left(\lg 2 - \frac{1}{2}\right) \text{ und } \int_{-\infty}^{\infty}\frac{\mathrm{arctg}\, x}{(1+x^2)^2}dx = 0,$$

welch letzteres Resultat unmittelbar einleuchtet, da $f(x) = -f(-x)$.

14. Beispiel. $$\int_0^\infty \frac{\lg x}{(x-1)\,x^a}\,dx,$$

wo a ein rationaler Bruch oder eine irrationale Zahl sein soll.

Als Integrationsweg wollen wir den unendlich grossen geschlossenen Halbkreis der oberen Halbebene wählen; alsdann ist die auf den gemeinschaftlichen Verzweigungspunkt $z = 0$ der beiden vieldeutigen Funktionen $\lg z$ und z^a bezügliche Ausbiegung h nach der positiven Seite hin zu machen. Der Punkt $z = 1$ ist für $f(z)$ kein Unstetigkeitspunkt, denn es nimmt in ihm die Funktion $f(z)$, dank der Anwesenheit der Funktion $\lg z$, den endlichen Wert 1 an. In Bezug auf $\lg z$ und z^a wählen wir, wie früher, den Zweig der einfachsten Funktionswerte, so dass sich — die Funktion $\lg z$ betreffend — für die Punkte der positiven X-Achse die reellen Werte $\lg x$, für diejenigen der negativen X-Achse die komplexen Werte $\lg x + i\pi$ ergeben; die Funktion z^a betreffend dagegen für die Punkte der positiven X-Achse die positiven reellen Werte x^a, für diejenigen der negativen X-Achse die komplexen Werte $e^{ia\pi}x^a$.

Da nun innerhalb des so bestimmten Integrationsgebiets $f(z)$ eindeutig und vollständig stetig ist, so haben wir

$$(*) \quad \ldots\ldots\ldots \quad \text{Hptw.}\int_{-\infty}^{+\infty} \frac{\lg x}{(x-1)\,x^a}\,dx + \int_h + \int_H = 0.$$

Die beiden Integrale $\int_{-\infty}^{0}$ und $\int_0^\infty$ sind aber für ihre Grenzen ∞ konvergent, wenn $a > o$; unter dieser Bedingung aber auch der auf den unendlich grossen Halbkreis bezügliche $\lim\limits_{z=\infty} z f(z) = 0$, womit $\int_H = 0$.

Beide Integrale $\int_{-\infty}^{0}$ und $\int_0^\infty$ können sodann in $z = 0$ hineingeführt werden, wenn $a < 1$; unter dieser Bedingung aber auch der auf den unendlich kleinen Halbkreis des Punkts $z = 0$ bezügliche $\lim\limits_{z=0} z f(z) = 0$, womit $\int_h = 0$.

Damit wird, weil $$\int_{-\infty}^{0} = -e^{-ia\pi}\int_0^\infty \frac{\lg x + i\pi}{(x+1)\,x^a}\,dx,$$

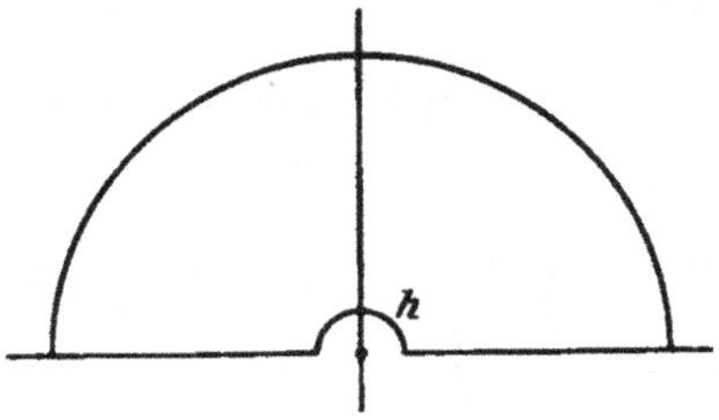

aus unserer Gleichung (*)

$$-e^{-ia\pi}\int_0^\infty \frac{\lg x + i\pi}{(x+1)\,x^a}\,dx + \int_0^\infty \frac{\lg x}{(x-1)\,x^a}\,dx = 0$$

oder

$$-e^{-ia\pi}\int_0^\infty \frac{\lg x}{(x+1)\,x^a}\,dx - i\pi e^{-ia\pi}\int_0^\infty \frac{dx}{(x+1)\,x^a} + \int_0^\infty \frac{\lg x}{(x-1)\,x^a}\,dx = 0.$$

Durch Trennung des Reellen und Imaginären als imaginärer Teil:

$$-\pi\cos a\pi\int_0^\infty\frac{dx}{(x+1)x^a}+\sin a\pi\int_0^\infty\frac{\lg x}{(x+1)x^a}dx=0,$$

woraus mit Rücksicht auf Gleichung (18)

$$(26)\ldots\ldots\quad\int_0^\infty\frac{\lg x}{(x+1)x^a}dx=\pi^2\frac{\cos a\pi}{\sin^2 a\pi},\quad 0<a<1;$$

als reeller Teil:

$$-\pi\sin a\pi\int_0^\infty\frac{dx}{(x+1)x^a}-\cos a\pi\int_0^\infty\frac{\lg x}{(x+1)x^a}dx+\int_0^\infty\frac{\lg x}{(x-1)x^a}dx=0.$$

Wegen (18) und der vorigen Gleichung folgt hieraus

$$(27)\ldots\ldots\quad\int_0^\infty\frac{\lg x}{(x-1)x^a}dx=\pi^2\frac{1}{\sin^2 a\pi},\quad 0<a<1.$$

15. Beispiel. $$\int_{-\infty}^{+\infty}\frac{e^{ip\lg(1+iqx)}+e^{-ip\lg(1+iqx)}}{1+x^2}dx,$$

worin p und q beliebige positive reelle Grössen sein sollen.

Der Verzweigungspunkt $z=\frac{i}{q}$ der Funktion $\lg(1+iqz)$ liegt für positives q oberhalb der X-Achse; wir wählen deshalb den unendlich grossen geschlossenen Halbkreis der unteren Halbebene als Integrationsweg, innerhalb dessen sich als einziger Ausnahmepunkt der Funktion f(z) der Pol $z=-i$ befindet. In Bezug auf die Funktion $\lg(1+iqz)$ greifen wir den Zweig der einfachsten Funktionswerte heraus und können dann für die Punkte der X-Achse schreiben:

$$\pm ip\lg(1+iqx)=\pm\frac{ip}{2}\lg(1+q^2x^2)\mp p\,\mathrm{arctg}\,qx\,^{*}),$$

womit

$$e^{\pm ip\lg(1+iqx)}=e^{\mp p\,\mathrm{arctg}\,qx}\left[\cos\left\{\frac{p}{2}\lg(1+q^2x^2)\right\}\pm i\sin\left\{\frac{p}{2}\lg(1+q^2x^2)\right\}\right].$$

Nun ist

$$(*)\ldots\ldots\quad\int_{-\infty}^{+\infty}\frac{e^{ip\lg(1+iqx)}+e^{-ip\lg(1+iqx)}}{1+x^2}dx+\int_H=-2\pi i\,\mathrm{Res}\,f(-i).$$

Das Integral $\int_{-\infty}^{+\infty}$ ist aber im Unendlichen nicht sinnlos. Und weil der auf den unendlich grossen Halbkreis bezügliche $\lim_{z=\infty} z f(z)=0$, so ist $\int_H=0$.

*) wo arctg zwischen $-\frac{\pi}{2}$ und $+\frac{\pi}{2}$.

Ferner

$$\operatorname{Res} f(-i) = \frac{e^{i p \lg(1+q)} + e^{-i p \lg(1+q)}}{-2i} = -\frac{1}{i}\cos[p \lg(1+q)].$$

Somit wird aus unserer Gleichung (*)

$$(28) \ldots\ldots \int_{-\infty}^{+\infty} \frac{e^{i p \lg(1+iqx)} + e^{-i p \lg(1+iqx)}}{1+x^2}\, dx = 2\pi \cos[p \lg(1+q)].$$

Hieraus bei Trennung des Reellen und Imaginären als reeller Teil:

$$(29)\ . \int_{-\infty}^{+\infty} \frac{e^{p \operatorname{arctg} qx} + e^{-p \operatorname{arctg} qx}}{1+x^2} \cos\left\{\frac{p}{2} \lg(1+q^2x^2)\right\} dx = 2\pi \cos[p \lg(1+q)].$$

Anmerkung 1. Als Wert des Integrals

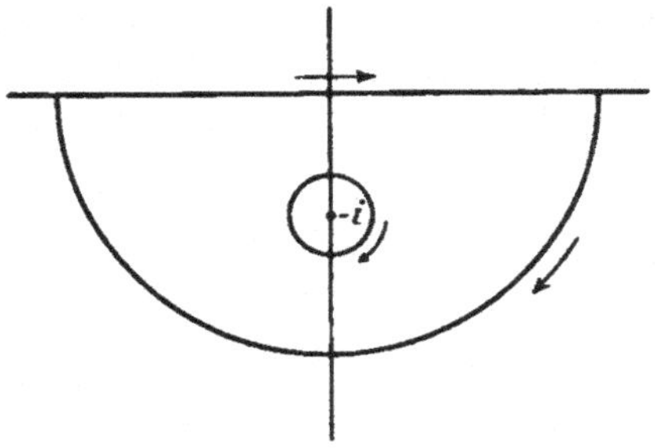

$$\int_{-\infty}^{+\infty} \frac{e^{i p \lg(1+iqx)} - e^{-i p \lg(1+iqx)}}{1+x^2}\, dx$$

ergiebt sich, da in diesem Falle

$$\operatorname{Res} f(-i) = \frac{e^{i p \lg(1+q)} - e^{-i p \lg(1+q)}}{-2i} = -\sin[p \lg(1+q)],$$

$$(30) \ldots\ldots \int_{-\infty}^{+\infty} \frac{e^{i p \lg(1+iqx)} - e^{-i p \lg(1+iqx)}}{1+x^2}\, dx = 2\pi i \sin[p \lg(1+q)],$$

woraus bei Trennung des Reellen und Imaginären als imaginärer Teil:

$$(31)\ . \int_{-\infty}^{+\infty} \frac{e^{p \operatorname{arctg} qx} + e^{-p \operatorname{arctg} qx}}{1+x^2} \sin\left\{\frac{p}{2} \lg(1+q^2x^2)\right\} dx = 2\pi \sin[p \lg(1+q)].$$

Anmerkung 2. Wäre das Integral (29) bezw. (31) zur Auswertung vorgelegen, so hätte vor allem die komplexe Funktion $f(z) \left[= \frac{e^{i p \lg(1+iqz)} + e^{-i p \lg(1+iqz)}}{1+z^2}\right]$, von der auszugehen ist, ausfindig gemacht werden müssen, was aber im gegenwärtigen Fall und in den meisten andern Fällen bei einiger Übung leicht zu erreichen ist.

16. Beispiel. $$\int_0^{\infty} \frac{\operatorname{arctg} px}{x(1+x^2)}\, dx,$$

worin p eine reelle positive Konstante sein soll.

Da

$$\operatorname{arctg} pz = \frac{1}{2i} \lg \frac{1+ipz}{1-ipz},$$

so können wir setzen

$$(1)\quad \int_{-\infty}^{+\infty} \frac{\operatorname{arctg} p x}{x(1+x^2)}\, dx = \frac{1}{2i}\int_{-\infty}^{+\infty} \frac{\lg(1+ipx)}{x(1+x^2)}\, dx - \frac{1}{2i}\int_{-\infty}^{+\infty} \frac{\lg(1-ipx)}{x(1+x^2)}\, dx.$$

Der Verzweigungspunkt $z = \frac{i}{p}$ der Funktion $\lg(1+ipz)$ unter dem Integralzeichen des 1. Integrals rechts ist dann in der oberen, derjenige der Funktion $\lg(1-ipz)$ des 2. Integrals, nämlich $z = -\frac{i}{p}$, in der unteren Halbebene gelegen*); der Integrationsweg für das 1. Integral rechts ist daher der in der unteren, derjenige für das 2. Integral der in der oberen Halbebene gelegene, unendlich grosse geschlossene Halbkreis. Innerhalb dieser beiden Integrationswege liegen ausser den resp. Polen $z = -i$ und $z = +i$ keine Ausnahmepunkte; die beiden zu integrierenden Funktionen nehmen im Punkte $z = 0$, dank der Anwesenheit der logarithmischen Funktion, einen endlichen Wert an. In Bezug auf die Funktionen $\lg(1 \pm ipz)$ greifen wir den Zweig der einfachsten Funktionswerte heraus. Nun ist

$$(*) \ldots\ldots \text{Hptw.} \int_{-\infty}^{+\infty} \frac{\lg(1+ipx)}{x(1+x^2)}\, dx + \int_{H\circlearrowleft} = -2\pi i \operatorname{Res} f(-i).$$

$\int_{-\infty}^{+\infty}$ ist im Unendlichen offenbar nicht sinnlos. Und weil der auf den unendlich

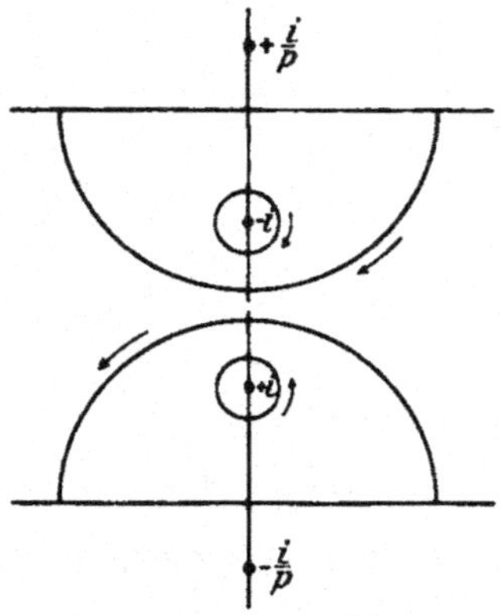

grossen Halbkreis bezügliche $\lim\limits_{z=\infty} z f(z) = 0$, so ist $\int_{H\circlearrowleft} = 0$.

Ferner ist

$$\operatorname{Res} f(-i) = -\frac{\lg(1+p)}{2}.$$

Somit wird aus unserer Gleichung $(*)$

$$(2)\ .\quad \int_{-\infty}^{+\infty} \frac{\lg(1+ipx)}{x(1+x^2)}\, dx = \pi i \lg(1+p).$$

Sodann ist

$$(**) \ldots\ldots\ldots \int_{-\infty}^{+\infty} \frac{\lg(1-ipx)}{x(1+x^2)}\, dx + \int_{H\circlearrowright} = 2\pi i \operatorname{Res} f(+i).$$

$\int_{-\infty}^{+\infty}$ ist im Unendlichen aber nicht sinnlos. Und weil der auf den unendlich grossen Halbkreis bezügliche $\lim\limits_{z=\infty} z f(z) = 0$, so ist $\int_{H\circlearrowright} = 0$.

*) Die komplexen Funktionen, von denen in den beiden Integralen rechts auszugehen ist, sind selbstverständlich $\frac{\lg(1+ipz)}{z(1+z^2)}$ und $\frac{\lg(1-ipz)}{z(1+z^2)}$.

Ferner ist

$$\operatorname{Res} f(+i) = -\frac{\lg(1+p)}{2}.$$

Somit wird aus unserer Gleichung (**)

$$(3) \quad \ldots\ldots\ldots \int_{-\infty}^{+\infty} \frac{\lg(1-ipx)}{x(1+x^2)}\, dx = -\pi i \lg(1+p);$$

damit aber vermöge Gleichung (1)

$$\int_{-\infty}^{+\infty} \frac{\operatorname{arctg} px}{x(1+x^2)}\, dx = \pi \lg(1+p),$$

woraus

$$(32) \quad \ldots\ldots\ldots \int_{0}^{\infty} \frac{\operatorname{arctg} px}{x(1+x^2)}\, dx = \frac{\pi}{2} \lg(1+p).$$

Ableitung einiger allgemeinen Integralformen*).

Es sei

$$f(z) = \varphi(u) \,.\, \psi(z),$$

wo

$$\varphi(u) = b_0 + b_1 u + b_2 u^2 + \ldots \text{ und } u = a e^{iz}.$$

Die Konstanten b_0, b_1, $b_2, \ldots$ sollen reell sein, die Reihe selbst aber mag endlich sein oder auch zu den unendlichen, in der ganzen Ebene konvergierenden gehören; unter $\psi(z)$ verstehen wir eine rationale Funktion von z.

$\varphi(a e^{iz})$ ist nun offenbar eine eindeutige, in der ganzen endlichen Ebene durchaus stetige Funktion von z. Für sie ist u. a. $\varphi(o) = b_0$, also gleich einer reellen Grösse. Sie ist ferner reell und endlich für jeden endlichen, rein imaginären Wert von z, aber ausserdem endlich für die unendlich fernen Punkte der oberen Halbebene; reell für $z = i\infty$, und eben der Wert b_0 ist der zugehörige Funktionswert.

Sei nun $\psi(z)$ einerseits identisch mit $\frac{1}{k^2+z^2}$, anderseits mit $\frac{z}{k^2+z^2}$, worin k positiv reell sein möge. Wir beschäftigen uns also mit den beiden Integralen

$$\int_{-\infty}^{+\infty} \frac{\varphi(a e^{ix})}{k^2+x^2}\, dx \quad \text{und} \quad \int_{-\infty}^{+\infty} \frac{x\,\varphi(a e^{ix})}{k^2+x^2}\, dx.$$

Integrieren wir über den unendlich grossen geschlossenen Halbkreis der oberen Halbebene, so befindet sich innerhalb dieses Wegs — und dies gilt für beide Integrale — ausser dem Pol $z = ik$ kein Ausnahmepunkt. Wir erhalten so bei Integration der Funktion $f(z) = \frac{\varphi(a e^{iz})}{k^2+z^2}$ über diesen Weg

*) s. G. F. Meyer's Vorlesungen über die Theorie der bestimmten Integrale. Leipzig 1871. § 111.

$$(*) \ldots\ldots\ \text{Hptw.} \int_{-\infty}^{+\infty} \frac{\varphi(a e^{ix})}{k^2 + x^2}\, dx + \int_H = 2\pi i \operatorname{Res} f(ik).$$

Das Integral $\int_{-\infty}^{+\infty}$ ist aber offenbar für seine Grenzen ∞ nicht sinnlos; ferner ist den in § 15 geführten Untersuchungen zufolge, und weil ausserdem $\lim\limits_{z=\infty} \frac{z \cdot b_0}{k^2 + z^2} = 0$, $\int_H = 0$. Endlich ist

$$\operatorname{Res} f(ik) = \frac{\varphi(a e^{-k})}{2ik}.$$

Damit wird aus unserer Gleichung (*)

$$(\mathrm{I}) \ldots\ldots \int_{-\infty}^{+\infty} \frac{\varphi(a e^{ix})}{k^2 + x^2}\, dx = \frac{\pi}{k}\, \varphi(a e^{-k}).$$

Bei Integration der Funktion $f(z) = \frac{z\varphi(a e^{iz})}{k^2 + z^2}$ über denselben Weg ergiebt sich:

$$(**) \ldots\ldots\ \text{Hptw.} \int_{-\infty}^{+\infty} \frac{x\varphi(a e^{ix})}{k^2 + x^2}\, dx + \int_H = 2\pi i \operatorname{Res} f(ik).$$

Das Integral $\int_{-\infty}^{+\infty}$ ist aber für seine Grenzen ∞ nicht sinnlos, denn es ist das Teilintegral

$b_0 \int_{-\infty}^{+\infty} \frac{x\,dx}{k^2 + x^2} = 0$, weil die Funktion unter dem Integralzeichen eine ungerade Funktion ist. Da ferner der auf den unendlich grossen Halbkreis bezügliche

$$\lim_{z=\infty} z f(z) = \varphi(0) \quad \text{und} \quad \operatorname{Res} f(ik) = \frac{\varphi(a e^{-k})}{2},$$

so wird aus unserer Gleichung (*)

$$(\mathrm{II}) \ldots\ldots \int_{-\infty}^{+\infty} \frac{x\varphi(a e^{-k})}{k^2 + x^2}\, dx = i\pi\, [\varphi(a e^{-k}) - \varphi(0)].$$

Den gemachten Voraussetzungen zufolge ist

$$\varphi(a e^{ix}) = b_0 + b_1 a^1 e^{ix} + b_2 a^2 e^{2ix} + \ldots$$
$$= \sum_0^n b_n a^n \cos nx + i \sum_1^n b_n a^n \sin nx.$$

Wir können daher schreiben, wenn wir diese beiden Summen bezüglich durch die reellen Funktionen $\lambda(a, x)$ und $\mu(a, x)$ bezeichnen,

$$\varphi(a e^{ix}) = \lambda(a, x) + i\mu(a, x),$$

und damit vermöge (I)

$$\int_{-\infty}^{+\infty} \frac{\lambda(a, x)}{k^2 + x^2} dx = \frac{\pi}{k} \varphi(a e^{-k}) \text{ und } \int_{-\infty}^{+\infty} \frac{\mu(a, x)}{k^2 + x^2} dx = 0.$$

Aus der ersten dieser beiden Formeln fliesst aber wegen $\lambda(a, x) = \lambda(a, -x)$

$$\text{(III)} \ldots\ldots\ldots\ldots \int_{0}^{+\infty} \frac{\lambda(a, x)}{k^2 + x^2} dx = \frac{\pi}{2k} \varphi(a e^{-k}).$$

Aus Gleichung (II)

$$\int_{-\infty}^{+\infty} \frac{x \mu(a, x)}{k^2 + x^2} dx = \pi [\varphi(a e^{-k}) - \varphi(0)] \text{ und } \int_{-\infty}^{+\infty} \frac{x \lambda(a, x)}{k^2 + x^2} dx = 0.$$

Aus der ersten dieser beiden Formeln folgt aber wegen $\mu(a, x) = -\mu(a, -x)$

$$\text{(IV)} \ldots\ldots\ldots \int_{0}^{+\infty} \frac{x \mu(a, x)}{k^2 + x^2} dx = \frac{\pi}{2} [\varphi(a e^{-k}) - \varphi(0)].$$

Für $k = 0$ ergiebt sich hieraus

$$\int_{0}^{\infty} \frac{\mu(a, x)}{x} dx = \frac{\pi}{2} [\varphi(a) - \varphi(0)].$$

Durch Elimination von $\varphi(0)$ aus diesen beiden letzten Gleichungen:

$$\text{(V)} \ldots\ldots\ldots \int_{0}^{\infty} \frac{\mu(a, x)}{x(k^2 + x^2)} dx = \frac{\pi}{2k^2} [\varphi(a) - \varphi(a e^{-k})].$$

Wir lassen gleich eine Anwendung folgen:

Es sei

17. Beispiel. $\varphi(u) = \lg(1 + u),$

also einerseits $f(z) = \frac{\lg(1 + u)}{k^2 + z^2}$, anderseits $f(z) = \frac{z \lg(1 + u)}{k^2 + z^2}$, worin

$$u = a e^{iz}$$

und k eine positive reelle Grösse sein soll.

Die Funktion $\lg(1 + a e^{iz})$ lässt sich in eine konvergierende Reihe entwickeln, so lange $-1 < a < 1$ ist und z in der oberen Halbebene liegt; sie ist aber auch eindeutig, wenn wir voraussetzen, dass während der Integration von den unendlich vielen Zweigen dieser Funktion nur ein ganz bestimmter ins Auge gefasst wird: Wir nehmen, wie immer, den Zweig der einfachsten Funktionswerte und können damit schreiben:

$$\lg(1 + a e^{ix}) = \frac{1}{2} \lg(1 + 2a \cos x + a^2) + i \operatorname{arctg} \frac{a \sin x}{1 + a \cos x},$$

womit Gleichung (III) unmittelbar ergiebt:

$$(33) \quad \ldots \quad \int_0^\infty \frac{\lg(1 + 2a\cos x + a^2)}{k^2 + x^2}\, dx = \frac{\pi}{k} \lg(1 + a e^{-k}), \quad a^2 < 1,$$

die Gleichung (IV):

$$(34) \quad \ldots \quad \int_0^\infty \frac{x \operatorname{arctg} \dfrac{a \sin x}{1 + a\cos x}}{k^2 + x^2}\, dx = \frac{\pi}{2} \lg(1 + a e^{-k}), \quad a^2 < 1,$$

die Gleichung (V):

$$(35) \quad \ldots \quad \int_0^\infty \frac{\operatorname{arctg} \dfrac{a \sin x}{1 + a\cos x}}{x(k^2 + x^2)}\, dx = \frac{\pi}{2k^2} \lg \frac{1 + a}{1 + a e^{-k}}, \quad a^2 < 1.$$

Gleichung (33) gilt, mag a positiv oder negativ sein, wenn es sich nur zwischen den angegebenen Grenzen hält; sie gilt also auch noch, wenn $-a$ statt a geschrieben wird, d. h. es ist

$$(33\,a) \quad \ldots \quad \int_0^\infty \frac{\lg(1 - 2a\cos x + a^2)}{k^2 + x^2}\, dx = \frac{\pi}{k} \lg(1 - a e^{-k}), \quad a < 1.$$

Schreibt man sodann in Gleichung (33) $\frac{1}{a}$ statt a, so kommt nach einfacher Reduktion:

$$(33\,b) \quad \ldots \quad \int_0^\infty \frac{\lg(1 + 2a\cos x + a^2)}{k^2 + x^2}\, dx = \frac{\pi}{k} \lg(a + e^{-k}), \quad a > 1,$$

und aus Gleichung (33_a) wird infolge derselben Substitution:

$$(33\,c) \quad \ldots \quad \int_0^\infty \frac{\lg(1 - 2a\cos x + a^2)}{k^2 + x^2}\, dx = \frac{\pi}{k} \lg(a - e^{-k}), \quad a > 1.$$

Da die rechten Seiten der für $a < 1$ und $a > 1$ gültigen Formelpaare (33, 33_b) und (33_a, 33_c) für $a = 1$ die resp. Werte $\frac{\pi}{k} \lg(1 + e^{-k})$ und $\frac{\pi}{k} \lg(1 - e^{-k})$ annehmen, so erhält man noch

$$\int_0^\infty \frac{\lg 4\cos^2 \frac{x}{2}}{k^2 + x^2}\, dx = \frac{\pi}{k} \lg(1 + e^{-k}) \quad \text{und} \quad \int_0^\infty \frac{\lg 4\sin^2 \frac{x}{2}}{k^2 + x^2}\, dx = \frac{\pi}{k} \lg(1 - e^{-k}).$$

Und nach einiger Umformung:

$$(33\,d) \quad \int_0^\infty \frac{\lg \cos x}{k^2 + x^2}\, dx = \frac{\pi}{2k} \lg \frac{1 + e^{-2k}}{2} \quad \text{und} \quad \int_0^\infty \frac{\lg \sin x}{k^2 + x^2}\, dx = \frac{\pi}{2k} \lg \frac{1 - e^{-2k}}{2}.$$

Durch Subtraktion dieser beiden Gleichungen:

$$(33\,e) \quad \ldots\ldots\ldots \quad \int_0^\infty \frac{\lg \operatorname{tg} x}{k^2 + x^2}\, dx = \lg \frac{e^k - e^{-k}}{e^k + e^{-k}}.$$

b) Der Quadrant als Integrationsgebiet*).

18. Beispiel. $$\int_0^\infty \frac{x^{a-1}}{b + xi}\, dx,$$

worin a ein rationaler Bruch oder eine irrationale Zahl und b eine positive reelle Grösse sein soll. Ausgehend von dem Integrale mit der Funktion $f(z) = \frac{z^{a-1}}{b + zi}$ unter dem Integralzeichen und integrierend über den unendlich grossen geschlossenen Halbkreis der oberen oder unteren Halbebene, kommen wir wegen der imaginären Einheit i, welche in der Nennerfunktion enthalten ist, nicht auf die gewünschte Form; es kann hier nämlich nicht, wie es in den bisherigen Beispielen der Fall war, die Trennung in einen reellen und imaginären Teil bewerkstelligt werden. Wir sind daher gezwungen, zum Quadranten als Integrationsgebiet zu greifen, müssen also integrieren über den unendlich grossen (aus dem Ursprung beschriebenen) geschlossenen Viertelskreis V, der sich in der oberen Halbebene an die positive X-Achse anlehnt. Auf den einen der beiden geradlinigen Teile dieses Integrationswegs kommt der Pol $z = ib$ zu liegen; wir machen bezüglich dieses Ausnahmepunkts die einschliessende Ausbiegung h. Für den Verzweigungspunkt $z = 0$ ist die ausschliessende, unendlich kleine viertelskreisförmige Ausbiegung v zu machen. Bezüglich der vieldeutigen Funktion z^{a-1} wählen wir, wie immer, den Zweig der einfachsten Funktionswerte, der für die Punkte der positiven X-Achse die positiven reellen Funktionswerte x^{a-1} und für die Punkte der positiven Y-Achse die komplexen Werte $-i e^{i\frac{a\pi}{2}} y^{a-1}$ liefert. Nun ist

$$(*) \quad \ldots \quad \lim_{\substack{R=\infty \\ \varepsilon=0}} \left[\int_R^\varepsilon f(iy)\, d(iy) + \int_\varepsilon^R f(x)\, dx \right] + \int_h + \int_v + \int_V = 2\pi i \operatorname{Res} f(ib).$$

Die beiden Integrale $\int_\infty^0 f(iy)\, d(iy) \left[= -e^{i\frac{a\pi}{2}} \text{ Hptw.} \int_0^\infty \frac{y^{a-1}}{b - y}\, dy \right]$ und $\int_0^\infty f(x)\, dx$ $\left[= \int_0^\infty \frac{x^{a-1}}{b + xi}\, dx \right]$ sind aber für ihre Grenzen ∞ konvergent, wenn $a < 1$, und an ihren Grenzen 0, wenn $a > 0$; unter ersterer Bedingung ist aber auch der auf den unendlich grossen Viertelskreis bezügliche $\lim_{z=\infty} z f(z) = 0$, womit $\int_V = 0$; unter letzterer

*) s. § 19.

der auf den unendlich kleinen Viertelskreis für $z = 0$ bezügliche $\lim\limits_{z=0} z f(z) = 0$, womit $\int\limits_{\nu} = 0$. Ferner ist gemäss § 11

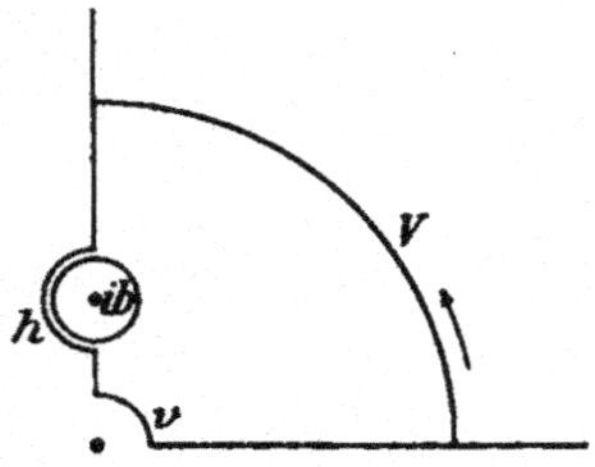

$$\int\limits_{h} = \pi i \operatorname{Res} f(ib);$$

aber

$$\operatorname{Res} f(ib) = -b^{a-1} e^{i\frac{a\pi}{2}},$$

somit wird, da Hptw. $\int\limits_0^\infty \frac{y^{a-1}}{b-y} dy = \pi b^{a-1} \operatorname{ctg} a\pi$ [s. Gleichung (17)], aus unserer Gleichung (*)

$$-e^{i\frac{a\pi}{2}}(\pi b^{a-1} \operatorname{ctg} a\pi) + \int\limits_0^\infty \frac{x^{a-1}}{b+xi} dx = -\pi i b^{a-1} e^{i\frac{a\pi}{2}}$$

oder

$$\int\limits_0^\infty \frac{x^{a-1}}{b+xi} dx = \pi b^{a-1} e^{i\frac{a\pi}{2}}(\operatorname{ctg} a\pi - i),$$

was nach kurzer Rechnung giebt in getrennter Form:

$$(36) \quad \ldots \quad \int\limits_0^\infty \frac{x^{a-1}}{b+xi} dx = \frac{\pi b^{a-1}}{2}\left(\operatorname{cosec}\frac{a\pi}{2} - i \sec\frac{a\pi}{2}\right),\quad 0 < a < 1.$$

Erweitern wir die Funktion unter dem Integralzeichen mit dem Faktor $b - xi$, so ergiebt sich hieraus bei Trennung des Reellen und Imaginären als reeller Teil:

$$(36_a) \quad \ldots \quad \int\limits_0^\infty \frac{x^{a-1}}{b^2+x^2} dx = \frac{\pi}{2} b^{a-2} \operatorname{cosec}\frac{a\pi}{2},\quad 0 < a < 2^{*});$$

als imaginärer Teil:

$$\int\limits_0^\infty \frac{x^a}{b^2+x^2} dx = \frac{\pi}{2} b^{a-1} \sec\frac{a\pi}{2},\quad 0 < a < 1,$$

eine Formel, die für $a - 1$ an Stelle von a in die vorige übergeht.

19. Beispiel. $$\int\limits_0^\infty x^{a-1}\begin{cases}\sin x\\ \cos x\end{cases} dx,$$

worin a eine gebrochene oder irrationale Zahl sein soll.

---

*) s. auch Gleichung (19_c).

Es liegt der Gedanke nahe, auszugehen von dem Integrale mit der Funktion

$$f(z) = z^{a-1} e^{-z}$$

unter dem Integralzeichen. Wegen der Funktion e^{-z} ist eine Integration über den unendlich grossen Halbkreis nicht möglich, dagegen können wir z einen der unendlich grossen Viertelskreise der oberen Halbebene durchlaufen lassen: Unser Integrationsweg ist nämlich der in der oberen Halbebene gelegene geschlossene Viertelskreis, der sich an die positive X-Achse anschliesst. Den Verzweigungspunkt $z = 0$ schliessen wir durch eine unendlich kleine viertelskreisförmige Ausbiegung aus. Innerhalb dieses so bestimmten Gebiets ist dann unsere Funktion f(z) vollständig stetig; sie ist aber auch eindeutig, wenn wir den Punkten der positiven X-Achse in Bezug auf die vieldeutige Funktion z^{a-1} die positiven reellen Funktionswerte x^{a-1} zuschreiben; es entsprechen dann den Punkten der positiven Y-Achse die Werte $-i e^{i\frac{a\pi}{2}} y^{a-1}$.

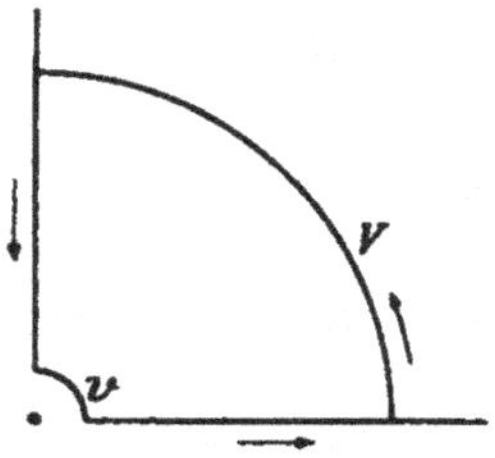

Nun ist

$$(*) \;.\;.\; \lim_{\substack{R=\infty \\ \varepsilon=0}} \left[\int_R^\varepsilon f(iy)\, d(iy) + \int_\varepsilon^R f(x)\, dx \right] + \int_V + \int_v = 0.$$

Die beiden Integrale $\int_\infty^0 f(iy)\, d(iy) \left[= e^{i\frac{a\pi}{2}} \int_0^\infty x^{a-1} e^{-ix} dx \right]$ und $\int_0^\infty f(x)\, dx$ $\left[= \int_0^\infty x^{a-1} e^{-x} dx \right]$ sind aber für ihre Grenzen ∞ konvergent, wenn $a < 1$ — das letztere sogar für jedes positive endliche a —; an ihren Grenzen 0, wenn $a > 0$; unter ersterer Bedingung ist aber auch nach § 22, Anm. $\int_V = 0$; unter letzterer der auf den unendlich kleinen Viertelskreis für $z = 0$ bezügliche $\lim_{z=0} z f(z) = 0$, womit $\int_v = 0$. Und da $\int_0^\infty x^{a-1} e^{-x} dx$ nichts anderes ist als das Euler'sche Integral 2. Gattung $\Gamma(a)$, so wird aus unserer Gleichung (*)

$$-e^{i\frac{a\pi}{2}} \int_0^\infty x^{a-1} e^{-ix} dx + \Gamma(a) = 0$$

oder

$$(I) \;.\;.\;.\;.\;.\;.\;.\;.\;.\;.\; \int_0^\infty x^{a-1} e^{-ix}\, dx = e^{-i\frac{a\pi}{2}} \Gamma(a).$$

Durch Trennung des Reellen und Imaginären ergeben sich hieraus unmittelbar die beiden Integrale

$$(37) \;.\;.\;.\;.\;.\;.\;.\; \int_0^\infty x^{a-1} \begin{Bmatrix} \sin x \\ \cos x \end{Bmatrix} dx = \Gamma(a) \begin{Bmatrix} \sin \frac{a\pi}{2} \\ \cos \frac{a\pi}{2} \end{Bmatrix}, \; 0 < a < 1.$$

Setzen wir $a = \frac{1}{2}$, so kommt, wenn wir bedenken, dass $\Gamma\left(\frac{1}{2}\right) = \sqrt{\pi}$ *),

(37a) $$\int_0^\infty \frac{\sin x}{\sqrt{x}} dx = \frac{1}{2}\sqrt{2}\,\Gamma\left(\frac{1}{2}\right) = \sqrt{\frac{\pi}{2}} \text{ und } \int_0^\infty \frac{\cos x}{\sqrt{x}} dx = \frac{1}{2}\sqrt{2}\,\Gamma\left(\frac{1}{2}\right) = \sqrt{\frac{\pi}{2}}.$$

In diesen beiden Gleichungen $\sqrt{x}$ mit x vertauscht, giebt

(37b) . . . . $$\int_0^\infty \cos(x^2)\,dx = \int_0^\infty \sin(x^2)\,dx = \frac{1}{4}\sqrt{2\pi}.$$

Noch allgemeiner ergiebt sich

(37c) . . . . $$\int_0^\infty \cos(px^2)\,dx = \int_0^\infty \sin(px^2)\,dx = \frac{1}{4}\sqrt{\frac{2\pi}{p}}.$$

Setzen wir ferner in $\int_0^\infty x^{a-1}\cos x\,dx$ $2x^2$ statt x, so kommt:

$$\int_0^\infty x^{a-1}\cos x\,dx = 2^{a+1}\int_0^\infty x^{2a-1}\cos(2x^2)\,dx = \cos\frac{\pi a}{2}\cdot\Gamma(a),$$

und $a + \frac{1}{2}$ statt a geschrieben

(37d) . . . . . $$\int_0^\infty x^{2a}\cos(2x^2)\,dx = \frac{\cos\frac{\pi}{4}(2a+1)}{2.2^{\frac{2a+1}{2}}}\Gamma\left(\frac{2a+1}{2}\right);$$

ganz ebenso erhält man

(37e) . . . . . $$\int_0^\infty x^{2a}\sin(2x^2)\,dx = \frac{\sin\frac{\pi}{4}(2a+1)}{2.2^{\frac{2a+1}{2}}}\Gamma\left(\frac{2a+1}{2}\right).$$

Es sind dies ein paar Formeln, die wir nachher mit Vorteil verwerten können.

20. Beispiel. $$\int_0^\infty x^{a-2}\lg(1+x^2)\,dx,$$

wo a ein rationaler Bruch oder eine irrationale Zahl sein soll.

Ausgehend von dem Integrale mit der Funktion $f(z) = z^{a-2}\lg(1+z^2)$ unter dem Integralzeichen, können wir wegen der beiden Verzweigungspunkte $z = \pm i$ der Funktion $\lg(1+z^2)$ weder die eine noch die andere der beiden Halbebenen als Integrationsgebiet

*) Aus der Dirichlet'schen Formel $\Gamma(a)\,\Gamma(1-a) = \frac{\pi}{\sin a\pi}$ folgt für $a = \frac{1}{2}$ unmittelbar $\Gamma\left(\frac{1}{2}\right) = \sqrt{\pi}$.

wählen; wir haben uns auf den Quadranten zu beschränken, also zu integrieren z. B. über den unendlich grossen, in der oberen Ebenenhälfte gelegenen geschlossenen Viertelskreis, der sich an die positive X-Achse anschliesst. Den Verzweigungspunkt $z = 0$ der Funktion z^{a-2} schliessen wir durch eine unendlich kleine viertelskreisförmige Ausbiegung v, den Verzweigungspunkt $z = i$ der Funktion $\lg(1 + z^2)$ durch eine halbkreisförmige Ausbiegung h aus. Um Eindeutigkeit zu schaffen, nehmen wir in Bezug auf die Funktion z^{a-2} den Zweig der einfachsten Funktionswerte, schreiben also den Punkten der positiven X-Achse die positiven reellen Werte x^{a-2} zu und damit den Punkten der positiven Y-Achse die Werte $-e^{\frac{i a \pi}{2}} y^{a-2}$. Wählen wir auch für die Funktion $\lg(1 + z^2)$ den Zweig der einfachsten Funktionswerte, so findet sich, dass den Punkten der positiven X-Achse die reellen Funktionswerte $\lg(1 + x^2)$ und den Punkten der positiven Y-Achse diesseits des Verzweigungspunkts $z = i$ die reellen Werte $\lg(1 - y^2)$; endlich den Punkten dieser Achse jenseits dieses Punktes die komplexen Werte $\lg(y^2 - 1) + i\pi$ zuzuweisen sind.

Nun ist, da innerhalb unseres Integrationswegs kein Unstetigkeitspunkt liegt,

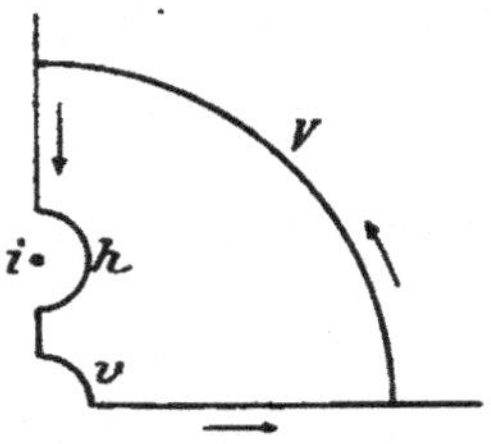

$$(*) \quad \lim_{\substack{R=\infty \\ \varepsilon=0}} \left[\int_R^{\varepsilon} f(iy)\, d(iy) + \int_{\varepsilon}^{R} f(x)\, dx \right] + \int_h + \int_v + \int_V = 0.$$

Das Integral $\int_{\infty}^{0} f(iy)\, d(iy)$ ist identisch mit der Summe der beiden Integrale

$$i e^{\frac{i a \pi}{2}} \int_1^{\infty} y^{a-2} [\lg(y^2 - 1) + i\pi]\, dy + i e^{\frac{i a \pi}{2}} \int_0^1 y^{a-2} \lg(1 - y^2)\, dy.$$

Das erste dieser beiden Integrale, sowie das Integral $\int_0^{\infty} x^{a-2} \lg(1 + x^2)\, dx$ sind für ihre Grenzen ∞ konvergent, wenn $a < 1$; unter dieser Bedingung ist aber auch der auf den unendlich grossen Viertelskreis bezügliche $\lim_{z=\infty} z f(z) = 0$, womit $\int_V = 0$. Das zweite derselben, sowie $\int_0^{\infty} x^{a-2} \lg(1 + x^2)\, dx$ können ferner in den Verzweigungspunkt $z = 0$ hineingeführt werden, wenn $a > 0$; unter dieser Bedingung aber der auf den unendlich kleinen Viertelskreis für $z = 0$ bezügliche $\lim_{z=0} z f(z) = 0$, womit $\int_v = 0$. Endlich sind die beiden Teilintegrale, in welche $\int_{\infty}^{0} f(iy)\, d(iy)$ zerfällt, für ihre Grenzen 1 konvergent, und weil auch für die halbkreisförmige Ausbiegung des Punktes $z = i$, unter der festgesetzten Bedingung $a > 0$, $\lim_{z=i} (z - i) f(z) = 0$, so ist auch $\int_h = 0$; damit aber wird aus unserer Gleichung (*), wenn wir den Integrationsbuchstaben y mit x vertauschen:

$$i e^{\frac{i a \pi}{2}} \int_1^{\infty} x^{a-2} [\lg(x^2 - 1) + i\pi]\, dx + i e^{\frac{i a \pi}{2}} \int_0^1 x^{a-2} \lg(1 - x^2)\, dx + \int_0^{\infty} x^{a-2} \lg(1 + x^2)\, dx = 0.$$

Nun ist für $a < 1 \int_1^\infty x^{a-2} dx = \frac{1}{1-a}$; womit, wenn wir der Kürze halber $\int_1^\infty x^{a-2} \lg(x^2-1)\,dx + \int_0^1 x^{a-2} \lg(1-x^2)\,dx$ mit X bezeichnen,

$$\int_0^\infty x^{a-2} \lg(1+x^2)\,dx + \left(i\cos\frac{a\pi}{2} - \sin\frac{a\pi}{2}\right)\left(X - \frac{i\pi}{1-a}\right) = 0.$$

Durch Trennung des Reellen und Imaginären als reeller Teil:

$$\int_0^\infty x^{a-2} \lg(1+x^2)\,dx - \sin\frac{a\pi}{2}\cdot X - \frac{\pi}{1-a}\cos\frac{a\pi}{2} = 0;$$

als imaginärer Teil:

$$\cos\frac{a\pi}{2}\cdot X - \frac{\pi}{1-a}\sin\frac{a\pi}{2} = 0.$$

Aus diesen beiden Gleichungen X eliminiert, giebt

$$(38) \quad \ldots\ldots \int_0^\infty x^{a-2} \lg(1+x^2)\,dx = \frac{\pi}{1-a}\sec\frac{a\pi}{2}, \quad 0 < a < 1.$$

In die 2. Gleichung für X seinen Wert eingesetzt, liefert

$$\int_1^\infty x^{a-2} \lg(x^2-1)\,dx + \int_0^1 x^{a-2} \lg(1-x^2)\,dx = \frac{\pi}{1-a}\,\mathrm{tg}\frac{a\pi}{2}, \quad 0 < a < 1.$$

Gleichung (38) ergiebt in Rücksicht auf das in § 19 erhaltene Resultat noch die weitere Form

$$(39) \quad \ldots\ldots \int_0^\infty x^{a-2} \operatorname{arctg} x\,dx = \frac{\pi}{2(1-a)}\operatorname{cosec}\frac{a\pi}{2}, \quad 0 < a < 1.$$

c) Der Sektor als Integrationsgebiet*).

21. Beispiel. $\int_0^\infty e^{-x^2} dx.$

In § 22 wurde bewiesen, dass der Grenzwert des Integrals

$$\int_A e^{-z^2} dz$$

*) s. § 22.

über den in der oberen Ebenenhälfte gelegenen, aus dem Ursprung mit unendlich grossem Radius beschriebenen Achtelskreis A, der sich an die positive X-Achse anschliesst, Null ist; er ist dagegen nicht Null — und auch nicht endlich — für einen Bogen, der grösser ist als der Achtelskreis. Wir werden daher als Integrationsweg den in der oberen Halbebene gelegenen, an die positive X-Achse sich anlehnenden geschlossenen Achtelskreis nehmen müssen. Da innerhalb dieses so bestimmten Integrationsgebiets überall Eindeutigkeit und Stetigkeit herrscht, so haben wir, weil nach obigem $\int\limits_A = 0$,

$$(*) \; . \; . \; . \; . \; . \; . \; . \; \lim_{R=\infty}\left[\int_R^0 f[(1+i)x]\,d(1+i)x + \int_0^R f(x)\,dx\right] = 0.$$

Die beiden Integrale $\int_\infty^0 f[(1+i)x]\,d(1+i)x \left[= -(1+i)\int_0^\infty e^{-(1+i)^2x^2}\,dx\right]$ und $\int_0^\infty f(x)\,dx \left[= \int_0^\infty e^{-x^2}\,dx\right]$ sind aber für ihre Grenzen ∞ konvergent; ebenso für ihre Grenzen 0. Es kann daher statt unserer Gleichung (*) geschrieben werden

$$-(1+i)\int_0^\infty e^{-(1+i)^2x^2}\,dx + \int_0^\infty e^{-x^2}\,dx = 0$$

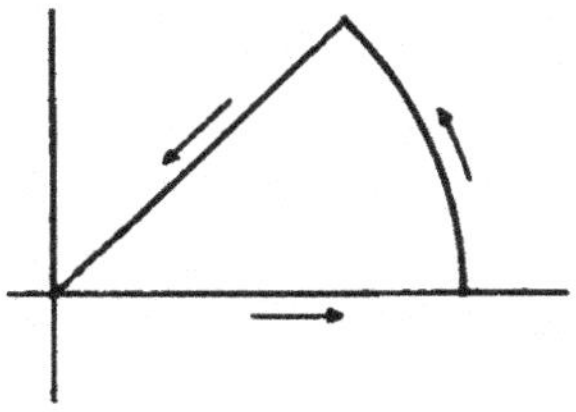

oder

$$-(1+i)\int_0^\infty e^{-2ix^2}\,dx + \int_0^\infty e^{-x^2}\,dx = 0.$$

Hieraus durch Trennung des Reellen und Imaginären als reeller Teil:

$$\int_0^\infty e^{-x^2}\,dx = \int_0^\infty \sin(2x^2)\,dx + \int_0^\infty \cos(2x^2)\,dx,$$

als imaginärer Teil:

$$\int_0^\infty \sin(2x^2)\,dx - \int_0^\infty \cos(2x^2)\,dx = 0$$

oder

$$\int_0^\infty \sin(2x^2)\,dx = \int_0^\infty \cos(2x^2)\,dx.$$

Bei Berücksichtigung des unter (37 c) (Beisp. 19) erhaltenen Resultats ergiebt sich so:

$$(40) \; . \; . \; . \; . \; . \; . \; . \; . \; . \; . \; . \; . \; . \; . \int_0^\infty e^{-x^2}\,dx = \frac{1}{2}\sqrt{\pi} \;*).$$

*) s. Gleichung (37 f).

Wie man sieht, sind wir nicht dahin gelangt, dieses Integral in geschlossener Form — ausgedrückt durch die Irrationale π — darzustellen, wohl aber ist es uns gelungen, dasselbe auf die gelegentlich der Auswertung von $\int\limits_0^\infty x^{a-1} \left\{\begin{matrix}\sin x \\ \cos x\end{matrix}\right. dx$ *) durch Specialisierung der Konstanten erhaltenen Integrale $\int\limits_0^\infty \left.\begin{matrix}\sin (2x^2) \\ \cos (2x^2)\end{matrix}\right\} dx$ zurückzuführen, die aber selbst zurückgeführt wurden auf $\Gamma\left(\frac{1}{2}\right)\left[= \int\limits_0^\infty \frac{e^{-x}}{\sqrt{x}} dx\right] = 2\int\limits_0^\infty e^{-x^2} dx$; es ist also thatsächlich nichts erreicht (s. Bemerkung im Vorwort).

22. Beispiel.
$$\int\limits_0^\infty e^{-x^2} x^{2a} dx,$$

wo a eine gebrochene oder irrationale Zahl sein kann.

Ausgehend von dem Integrale mit der Funktion $f(z) = e^{-z^2} z^{2a}$ unter dem Integralzeichen, sind wir wegen der Funktion e^{-z^2} bei der Integration auf den Oktanten beschränkt; wir werden also wieder, wie in obigem Beispiele, integrieren über den in der oberen Halbebene gelegenen, an die positive X-Achse sich anlehnenden geschlossenen Achtelskreis. Den Verzweigungspunkt $z = 0$ der irrationalen Funktion z^{2a} schliessen wir durch eine unendlich kleine, achtelskreisförmige Ausbiegung k aus. Den Punkten der positiven X-Achse schreiben wir in Bezug auf die Funktion z^{2a} die positiven reellen Funktionswerte x^{2a} zu; es entsprechen dann denen des zweiten geradlinigen Wegs die Werte $2^a e^{i\frac{a\pi}{2}} x^{2a}$. Da nun so innerhalb unseres Integrationswegs Eindeutigkeit und Stetigkeit herrscht, so ist

$$(*) \quad \ldots\ldots \quad \lim_{\substack{R=\infty \\ \varepsilon=0}} \left[\int\limits_R^\varepsilon f[(1+i)x]\, d(1+i)x + \int\limits_\varepsilon^R f(x)\, dx\right] + \int\limits_k + \int\limits_A = 0.$$

Die beiden Integrale $\int\limits_\infty^0 f[(1+i)x]\, d(1+i)x \left[= -2^{a+\frac{1}{2}} e^{i\frac{\pi}{4}(2a+1)} \int\limits_0^\infty e^{-2ix^2} x^{2a} dx\right]$ und $\int\limits_0^\infty f(x)\, dx \left[= \int\limits_0^\infty e^{-x^2} x^{2a} dx\right]$ sind aber für ihre Grenzen ∞ konvergent, wenn $a < \frac{1}{2}$ — das letztere sogar für jedes positive endliche a. Sie können ferner in den Punkt $z = 0$, der für negative a ein Verzweigungspunkt ist, in welchem die Funktion ∞ wird, hineingeführt werden, wenn $a > -\frac{1}{2}$; unter letzterer Bedingung ist aber auch der auf den unendlich kleinen Achtelskreis für $z = 0$ bezügliche $\lim\limits_{z=0} z f(z) = 0$, womit $\int\limits_k = 0$. End-

*) s. Beisp. 19.

lich ist, wie aus § 22 hervorgeht, unter der Bedingung $a < \frac{1}{2}$, das Integral über den unendlich grossen Achtelskreis $\int\limits_A = 0$.

Damit wird aus unserer Gleichung (*)

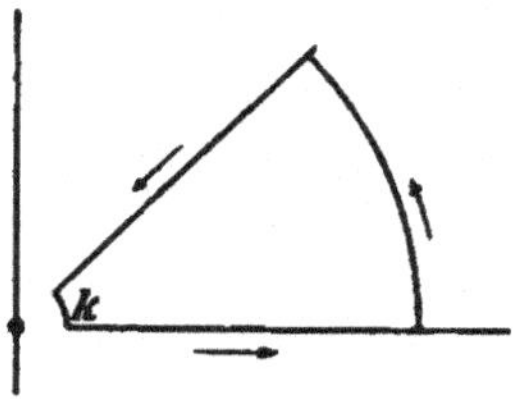

$$-2^{a+\frac{1}{2}} e^{i\frac{\pi}{4}(2a+1)} \int_0^\infty e^{-2ix^2} x^{2a}\,dx + \int_0^\infty e^{-x^2} x^{2a}\,dx = 0,$$

oder

$$-\left[\cos\frac{\pi}{4}(2a+1) + i\sin\frac{\pi}{4}(2a+1)\right]\left\{\int_0^\infty x^{2a}\cos(2x^2)\,dx - i\int_0^\infty x^{2a}\sin(2x^2)\,dx\right\}$$

$$+\frac{1}{2^{\frac{2a+1}{2}}}\int_0^\infty e^{-x^2}x^{2a}\,dx = 0.$$

Setzen wir der Kürze halber $\int\limits_0^\infty x^{2a}\cos(2x^2)\,dx \equiv \mathbf{X}$ und $\int\limits_0^\infty x^{2a}\sin(2x^2)\,dx \equiv \mathbf{Y}$, so erhalten wir bei Trennung des Reellen und Imaginären als reellen Teil:

$$-\mathbf{X}\cos\frac{\pi}{4}(2a+1) - \mathbf{Y}\sin\frac{\pi}{4}(2a+1) + \frac{1}{2^{\frac{2a+1}{2}}}\int_0^\infty e^{-x^2}x^{2a}\,dx = 0;$$

als imaginären Teil:

$$-\mathbf{X}\sin\frac{\pi}{4}(2a+1) + \mathbf{Y}\cos\frac{\pi}{4}(2a+1) = 0.$$

Y aus diesen beiden Gleichungen eliminiert, giebt, wenn für X sein Wert eingesetzt wird,

$$\int_0^\infty e^{-x^2}x^{2a}\,dx = \frac{2^{\frac{2a+1}{2}}}{\cos\frac{\pi}{4}(2a+1)}\int_0^\infty x^{2a}\cos(2x^2)\,dx,$$

womit in Rücksicht auf die Gleichung (36 d)

$$(41) \quad \ldots\ldots \quad \int_0^\infty e^{-x^2}x^{2a}\,dx = \frac{1}{2}\Gamma\left(\frac{2a+1}{2}\right), \quad -\frac{1}{2} < a < +\frac{1}{2}.$$

Wie im vorigen Beispiele mussten wir auch hier zu einem schon anderweitig ausgewerteten Integrale unsere Zuflucht nehmen, nämlich zu dem Integrale $\int\limits_0^\infty x^{2a}\cos(2x^2)\,dx$, das wir mittels Substitution aus $\int\limits_0^\infty x^{a-1}\cos x\,dx$ erhalten haben.

5*

23. Beispiel. $$\int\limits_0^\infty e^{-kx} x^{a-1} \begin{cases} \sin \vartheta x \\ \cos \vartheta x \end{cases} dx.$$

Wir gehen von dem Integrale mit der Funktion $f(z) = e^{-kz} z^{a-1}$ unter dem Integralzeichen aus. Als krummlinigen Teil unseres Integrationswegs nehmen wir einen Bruchteil des in der oberen Ebenenhälfte gelegenen unendlich grossen Viertelskreises, der sich an die positive X-Achse anschliesst, nämlich einen Bogen φ, dessen

$$\mathrm{tg} = \mu,$$

wo μ eine beliebige, positive endliche Grösse sein soll. Unser geschlossener Integrationsweg wird so gebildet aus diesem Bogen samt den beiden, die Endpunkte desselben mit dem Ursprung verbindenden Radien; den Verzweigungspunkt $z = 0$ haben wir indessen durch eine unendlich kleine kreisförmige Ausbiegung s umgangen zu denken.

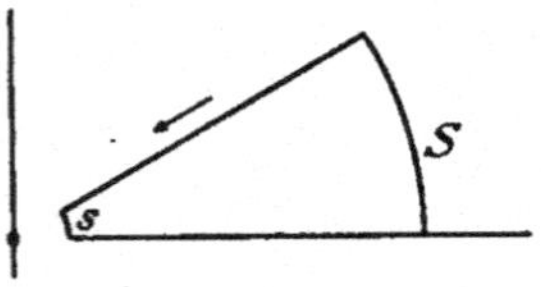

Schreiben wir sodann in Bezug auf die irrationale Funktion z^{a-1} den Punkten der positiven X-Achse die positiven reellen Werte x^{a-1} zu, so entsprechen denen des zweiten geradlinigen Wegs die Werte $(1+\mu^2)^{\frac{a-1}{2}} e^{i\varphi(a-1)} x^{a-1}$, wo $\varphi = \mathrm{arctg}\,\mu$.

Nun ist, da innerhalb dieses so bestimmten Integrationswegs Eindeutigkeit und Stetigkeit herrscht,

$$(*) \ldots . \lim_{\substack{R=\infty \\ \varepsilon=0}} \left[\int\limits_R^\varepsilon f[(1+i\mu)x]\, d(1+i\mu)x + \int\limits_\varepsilon^R f(x)\, dx \right] + \int\limits_s + \int\limits_S = 0.$$

Die beiden Integrale $\int\limits_\infty^0 f[(1+i\mu)x]\, d(1+i\mu)x \left[= -(1+\mu^2)^{\frac{a}{2}} e^{ia\varphi} \int\limits_0^\infty e^{-k(1+i\mu)x} x^{a-1}\, dx \right]$

und $\int\limits_0^\infty f(x)\, dx \left[= \int\limits_0^\infty e^{-kx} x^{a-1}\, dx \right]$ verlieren aber ihre Bedeutung für die obere

Grenze ∞ nicht, wenn $\begin{matrix} a > 0 \\ k > 0 \end{matrix}$. Sie können ferner unter der Bedingung, dass $a > 0$, in den Verzweigungspunkt $z = 0$ hineingeführt werden; unter dieser Bedingung ist aber auch der auf die unendlich kleine Ausbiegung für $z = 0$ bezügliche $\lim\limits_{z=0} z f(z) = 0$, womit $\int\limits_s = 0$. Endlich ist, weil der Grenzwert des Integrals über den in der oberen Halbebene gelegenen unendlich grossen Viertelskreis, der sich an die positive X-Achse anschliesst, Null ist, wenn $a < 1$ *), auch $\int\limits_S = 0$ unter derselben Bedingung. Damit aber wird aus unserer Gleichung (*)

$$-(1+\mu^2)^{\frac{a}{2}} e^{ia\varphi} \int\limits_0^\infty e^{-k(1+i\mu)x} x^{a-1}\, dx + \int\limits_0^\infty e^{-kx} x^{a-1}\, dx = 0.$$

---

*) s. § 22, Anm.

Erinnern wir uns aber daran, dass

$$\int_0^\infty e^{-kx} x^{a-1} dx = \frac{\Gamma(a)}{k^a} \quad \text{für} \quad \begin{matrix} a > 0 \\ k > 0 \end{matrix},$$

so kommt:

$$e^{ia\varphi} \int_0^\infty e^{-k(1+i\mu)x} x^{a-1} dx = \frac{\Gamma(a)}{k^a (1+\mu^2)^{\frac{a}{2}}}.$$

$k\mu = \vartheta$ gesetzt, giebt

$$(\cos a\varphi + i \sin a\varphi) \left[\int_0^\infty e^{-kx} x^{a-1} \cos \vartheta x \, dx - i \int_0^\infty e^{-kx} x^{a-1} \sin \vartheta x \, dx \right] = \frac{\Gamma(a)}{(k^2+\vartheta^2)^{\frac{a}{2}}}.$$

Setzen wir ferner der Kürze halber

$$\int_0^\infty e^{-kx} x^{a-1} \cos \vartheta x \, dx = X \quad \text{und} \quad \int_0^\infty e^{-kx} x^{a-1} \sin \vartheta x \, dx = Y,$$

so ergiebt sich bei Trennung des Reellen und Imaginären als reeller Teil:

$$X \cos a\varphi + Y \sin a\varphi = \frac{\Gamma(a)}{(k^2+\vartheta^2)^{\frac{a}{2}}};$$

als imaginärer Teil:

$$X \sin a\varphi - Y \cos a\varphi = 0.$$

Aus diesen beiden Gleichungen endlich, da $\varphi = \operatorname{arctg} \frac{\vartheta}{k}$:

$$(42) \quad \int_0^\infty e^{-kx} x^{a-1} \sin \vartheta x \, dx = \frac{\Gamma(a)}{(k^2+\vartheta^2)^{\frac{a}{2}}} \sin\left(a \operatorname{arctg} \frac{\vartheta}{k}\right)$$

$$(43) \quad \int_0^\infty e^{-kx} x^{a-1} \cos \vartheta x \, dx = \frac{\Gamma(a)}{(k^2+\vartheta^2)^{\frac{a}{2}}} \cos\left(a \operatorname{arctg} \frac{\vartheta}{k}\right)$$

$$k > 0, \quad 0 < a < 1.$$

Es sind dies die bekannten Euler'schen Formeln, deren Herleitung u. a. dadurch geschieht, dass man in der von uns benützten Gleichung $\int_0^\infty e^{-kx} x^{a-1} dx = \frac{\Gamma(a)}{k^a}$ die positive reelle Grösse k ersetzt durch die komplexe $k + \vartheta i$, wo der reelle Teil k wieder positiv reell ist. Dieser von Euler herrührende Gedankengang lässt aber wegen der Vieldeutigkeit des Ausdrucks $(k + \vartheta i)^a$ begründete Bedenken zu. Bei der im Vorstehenden gegebenen Ableitung fällt diese Unbestimmtheit offenbar weg*).

*) Eine strenge Begründung dieser beiden Formeln gab zuerst Poisson (Journal de l'Ecole polyt., cah. 16); derselbe stellt aus den beiden Integralen 2 Differentialgleichungen her, deren nachherige Integration unmittelbar zum Resultate führt.

II. Integrale mit andern Grenzen als $-\infty$ und $+\infty$ bezw. 0 und $+\infty$*).

24. Beispiel.

$$\int_0^1 \frac{dx}{\sqrt{1-x^2}}.$$

Ausgehend von dem Integrale mit der Funktion $f(z) = \frac{1}{\sqrt{1-z^2}}$ unter dem Integralzeichen, werden wir als Integrationsgebiet die obere oder untere Halbebene wählen können; nehmen wir die erstere und integrieren über den unendlich grossen geschlossenen Halbkreis, dessen Mittelpunkt der Koordinatenursprung, sorgen aber dafür, dass die beiden Verzweigungspunkte $z = \pm 1$ durch unendlich kleine halbkreisförmige Ausbiegungen nach der positiven Seite hin ausgeschlossen werden. Um der Bedingung der Eindeutigkeit zu genügen, schreiben wir in Bezug auf die Funktion $\sqrt{1-z^2}$ den Punkten der X-Achse zwischen 0 und 1 die positiven reellen Funktionswerte $\sqrt{1-x^2}$ zu; alsdann entsprechen denen der positiven X-Achse jenseits des Verzweigungspunkts $+1$ die Funktionswerte $-i\sqrt{x^2-1}$; ferner den Punkten der negativen X-Achse zwischen 0 und -1 die positiven reellen Werte $\sqrt{1-x^2}$ und denen jenseits des Verzweigungspunkts -1 die Funktionswerte $+i\sqrt{x^2-1}$. Damit ist, weil innerhalb dieses so bestimmten Gebiets unsere Funktion vollständig stetig,

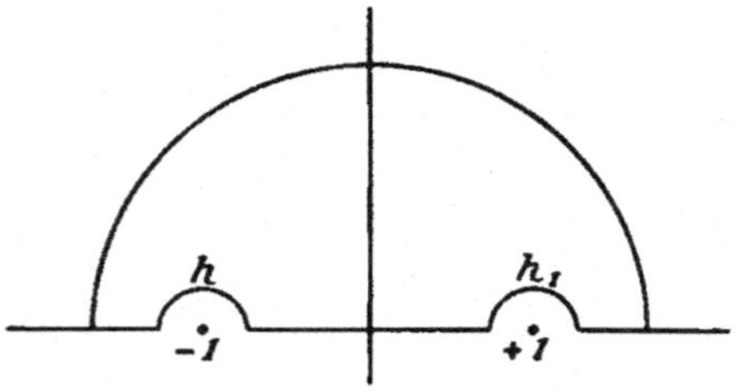

$$(*)\quad \text{Hptw.} \int_{-\infty}^{+\infty} \frac{dx}{\sqrt{1-x^2}} + \int_h + \int_{h_1} + \int_H = 0.$$

Die beiden Integrale $\int_{-\infty}^{-1} \frac{dx}{\sqrt{1-x^2}} \left[= i \int_1^{\infty} \frac{dx}{\sqrt{x^2-1}} \right]$ und $\int_1^{\infty} \frac{dx}{\sqrt{1-x^2}} \left[= -i \int_1^{\infty} \frac{dx}{\sqrt{x^2-1}} \right]$ können in die Verzweigungspunkte $z = \pm 1$, in welchen die Funktion $f(z)$ unendlich gross wird, hineingeführt werden (s. § 9), mit anderen Worten: die beiden Integrale sind für ihre Grenzen 1 konvergent. Für ihre Grenzen ∞ dagegen sind sie divergent**); nach Voraussetzung aber $\int_{-\infty}^{+\infty} = \lim_{R=\infty} \int_{-R}^{+R}$, und da sie dem absoluten Werte nach gleich sind, so heben sie sich gegenseitig auf. Da ferner der auf die Ausbiegungen der beiden Verzweigungspunkte $z = \pm 1$ bezügliche

$$\lim_{z=\pm 1} (z \mp 1) f(z) = 0,$$

so ist

$$\int_h = 0 \text{ und } \int_{h_1} = 0.$$

---

*) s. § 24.

**) s. § 9.

In Bezug auf den unendlich grossen Halbkreis dagegen ist $\lim\limits_{z=\infty} z f(z) = -1$, womit

$$\int\limits_H = -\pi.$$

Damit aber wird aus unserer Gleichung (*), weil auch $\int_{-1}^{+1}$ in die beiden Unstetigkeits- und Verzweigungspunkte $z = \pm 1$ hineingeführt werden kann,

$$\int_{-1}^{+1} \frac{dx}{\sqrt{1-x^2}} = \pi,$$

woraus, da $f(x) = f(-x)$,

$$(44) \quad \ldots\ldots\ldots\ldots \quad \int_0^1 \frac{dx}{\sqrt{1-x^2}} = \frac{\pi}{2}.$$

25. Beispiel. $\quad \displaystyle\int_1^\infty \frac{x^{a-1}}{(x-1)^{a+b}}\,dx$ und $\displaystyle\int_0^1 \frac{x^{a-1}}{(1-x)^{a+b}}\,dx$,

wo a und b gebrochene oder irrationale Zahlen sein sollen.

Es liegt nahe, dass wir behufs Auswertung dieser beiden Integrale ausgehen von dem Integrale mit der Funktion $f(z) = \frac{z^{a-1}}{(1+z)^{a+b}}$ unter dem Integralzeichen. Da diese Funktion ausser den beiden reellen Verzweigungspunkten $z = 0$ und $z = -1$ keinen Ausnahmepunkt besitzt, so können wir als Integrationsweg den in der oberen oder unteren Halbebene gelegenen, unendlich grossen geschlossenen Halbkreis wählen; nehmen wir ersteren und schliessen die beiden Punkte $z = 0$ und $z = -1$ durch unendlich kleine halbkreisförmige Ausbiegungen nach der positiven Seite hin aus. In Bezug auf die irrationale Funktion z^{a-1} schreiben wir den Punkten der positiven X-Achse die positiven reellen Werte x^{a-1} zu; alsdann gehören den Punkten der negativen X-Achse die Werte $-e^{ia\pi}x^{a-1}$ an. Bezüglich der Funktion $(1+z)^{a+b}$ ordnen wir den Punkten der positiven X-Achse die positiven reellen Werte $(1+x)^{a+b}$ zu; es entsprechen dann denen der negativen X-Achse von 0 bis -1 die positiven reellen Werte $(1-x)^{a+b}$, denen von -1 bis $-\infty$ die Werte $e^{i\pi(a+b)}(x-1)^{a+b}$.

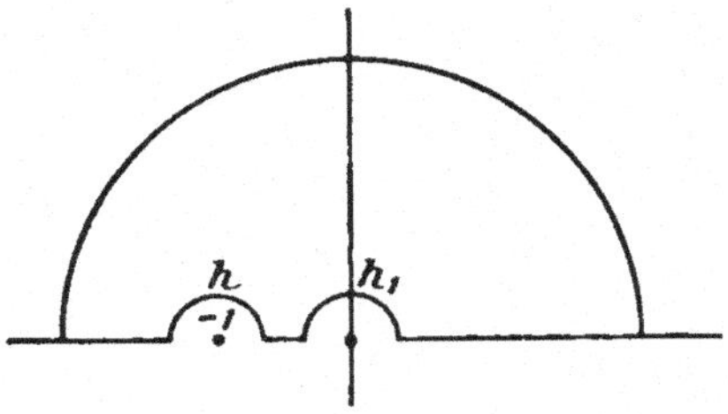

Nun ist

$$(*)\ \text{Hptw.} \quad \int_{-\infty}^{+\infty} \frac{x^{a-1}}{(1+x)^{a+b}}\,dx + \int\limits_h + \int\limits_{h_1} + \int\limits_H = 0.$$

Die beiden Integrale $\displaystyle\int_{-\infty}^{-1} f(x)\,dx \left[= -e^{-ib\pi}\int_1^{-\infty} \frac{x^{a-1}}{(x-1)^{a+b}}\,dx \right]$ und $\displaystyle\int_0^\infty f(x)\,dx$

$\left[= \int_0^\infty \frac{x^{a-1}}{(1+x)^{a+b}} dx \right]$ sind für ihre Grenzen ∞ konvergent, wenn $b > 0$; unter dieser Bedingung aber auch der auf den unendlich grossen Halbkreis bezügliche $\lim_{z=\infty} z f(z) = 0$, womit $\int_H = 0$. Das erste dieser beiden Integrale, sowie $\int_{-1}^0 f(x)\,dx \equiv - e^{ia\pi} \int_0^1 \frac{x^{a-1}}{(1-x)^{a+b}} dx$ können sodann in den Verzweigungspunkt $z = -1$ hineingeführt werden, wenn $a + b < 1$; unter derselben Bedingung gilt aber für die Ausbiegung des Punktes $z = -1$: $\lim_{z=-1} (z+1) f(z) = 0$, womit $\int_h = 0$. Das Integral $\int_{-1}^0 f(x)\,dx$, sowie $\int_0^\infty$ lassen sich ferner in $z = 0$ hineinführen, wenn $a > 0$; unter dieser Bedingung aber auch der auf die Ausbiegung für $z = 0$ bezügliche $\lim_{z=0} z f(z) = 0$, womit $\int_{h_1} = 0$. Damit wird aus unserer Gleichung (•)

$$- e^{-ib\pi} \int_1^\infty \frac{x^{a-1}}{(x-1)^{a+b}} dx - e^{ia\pi} \int_0^1 \frac{x^{a-1}}{(1-x)^{a+b}} dx + \int_0^\infty \frac{x^{a-1}}{(1+x)^{a+b}} dx = 0.$$

Das dritte Integral, das für jedes positive a und b einen endlichen und bestimmten Wert besitzt, ist aber nichts anderes als das Euler'sche Integral 1. Gattung $B(a, b)$. Bei Trennung des Reellen und Imaginären erhalten wir daher, wenn das erste Integral kurz mit X, das zweite mit Y bezeichnet wird, als reellen Teil:

$$X \cos b\pi + Y \cos a\pi = B(a, b),$$

als imaginären Teil:

$$- X \sin b\pi + Y \sin a\pi = 0,$$

woraus einerseits

$$\int_1^\infty \frac{x^{a-1}}{(x-1)^{a+b}} dx = \frac{\sin a\pi}{\sin(a+b)\pi} B(a, b),$$

anderseits

$$\int_0^1 \frac{x^{a-1}}{(1-x)^{a+b}} dx = \frac{\sin b\pi}{\sin(a+b)\pi} B(a, b).$$

Erinnern wir uns aber an die beiden Formeln

$$B(p, q) = \frac{\Gamma(p) \cdot \Gamma(q)}{\Gamma(p+q)} \text{ und } \Gamma(p)\Gamma(1-p) = \frac{\pi}{\sin p\pi},$$

so gehen diese beiden Gleichungen beinahe unmittelbar über in

$$(45) \quad \ldots\ldots \int_1^\infty \frac{x^{a-1}}{(x-1)^{a+b}}\,dx = \frac{\Gamma(b)\,\Gamma(1-a-b)}{\Gamma(1-a)}$$

$$(46) \quad \ldots\ldots \int_0^1 \frac{x^{a-1}}{(1-x)^{a+b}}\,dx = \frac{\Gamma(a)\,\Gamma(1-a-b)}{\Gamma(1-b)}$$

$$a > 0,\quad b > 0,\quad a + b < 1.$$

Anmerkung. Ganz ebenso geschieht die Auswertung von z. B.

$$\int_1^\infty \frac{(x-1)^{a-1}}{x^b}\,dx = \frac{\Gamma(a)\,\Gamma(b-a)}{\Gamma(b)}$$

und

$$\int_0^\infty \frac{(1+x)^{a-1}}{x^b}\,dx = \frac{\Gamma(1-b)\,\Gamma(b-a)}{\Gamma(1-a)},$$

ausgehend von dem komplexen Integrale $\int \frac{(1+z)^{a-1}}{z^b}\,dz$;

ferner von

$$\int_1^\infty \frac{x^{b-1}}{(x^2-1)^a}\,dx = \frac{1}{2}\,\frac{\Gamma(1-a)\,\Gamma\left(a-\frac{b}{2}\right)}{\Gamma\left(1-\frac{b}{2}\right)}$$

und

$$\int_0^1 \frac{x^{b-1}}{(1-x^2)^a}\,dx = \frac{1}{2}\,\frac{\Gamma\left(\frac{b}{2}\right)\Gamma(1-a)}{\Gamma\left(1-a-\frac{b}{2}\right)},$$

ausgehend von dem komplexen Integrale $\int \frac{z^{b-1}}{(1+z^2)^a}\,dz$ und integrierend über den Quadranten.

III. Integrale trigonometrischer Funktionen mit den Grenzen 0 und 2π bezw. 0 und π *).

26. Beispiel. $$F(z) = \frac{1}{1-z}.$$

Es ist dies eine eindeutige und durchaus stetige Funktion innerhalb des aus dem Koordinatenursprung beschriebenen Kreises vom Halbmesser

$$r < 1.$$

*) s. § 25—27.

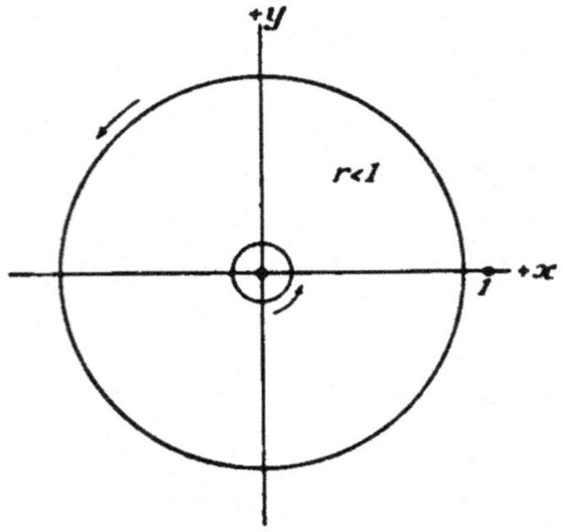

Diesen Kreis wählen wir als Integrationsweg. Alsdann ist, weil

$$F(0) = 1,$$

vermöge Formel (H)

$$\int_0^{2\pi} \frac{d\varphi}{1 - r e^{i\varphi}} = 2\pi.$$

Hieraus durch Trennung des Reellen und Imaginären:

(47) . . . . $$\int_0^{2\pi} \frac{1 - r\cos\varphi}{1 - 2r\cos\varphi + r^2}\, d\varphi = 2\pi, \quad r < 1,$$

(48) . . . . $$\int_0^{2\pi} \frac{\sin\varphi}{1 - 2r\cos\varphi + r^2}\, d\varphi = 0, \quad r < 1.$$

Das letztere Resultat ist selbstverständlich, weil — indem sich der Bogen φ von 0 bis 2π bewegt — die Funktion unter dem Integralzeichen im 1. und 4. und ebenso im 2. und 3. Quadranten numerisch dieselben Werte erwirbt, und folglich das Integral sich aus paarweis einander aufhebenden Elementen zusammensetzt.

Ist der Halbmesser unseres Integrationskreises $r > 1$, so liegt innerhalb desselben ausser $z = 0$ auch noch der Pol $z = 1$. Das auf diesen bezügliche Residuum

$$\operatorname*{Res}_{\alpha=1} \frac{F(\alpha)}{\alpha} = \lim_{u=0} \frac{u}{(1+u)[1-(1+u)]} = -1,$$

das auf $z = 0$ bezügliche dagegen:

$$\operatorname*{Res}_{\alpha=0} \frac{F(\alpha)}{\alpha} = F(0) = 1,$$

womit vermöge Formel (G)

$$\int_0^{2\pi} \frac{d\varphi}{1 - r e^{i\varphi}} = 2\pi(1 - 1) = 0.$$

Hieraus bei Trennung des Reellen und Imaginären:

(47a) . . . . $$\int_0^{2\pi} \frac{1 - r\cos\varphi}{1 - 2r\cos\varphi + r^2}\, d\varphi = 0, \quad r > 1,$$

(48a) . . . . $$\int_0^{2\pi} \frac{\sin\varphi}{1 - 2r\cos\varphi + r^2}\, d\varphi = 0, \quad r > 1.$$

Liegt ein Integral von bestimmter Form zur Auswertung vor, ist also nicht wie vorhin eine komplexe Funktion $F(z)$ gegeben, mit der Weisung, das daraus ableitbare, für uns vorerst unbekannte Integral $\int_0^{2\pi} f(\varphi)\, d\varphi$ herzuleiten, so fragt es sich vor allem: Welches ist die Funktion $F(z)$ der komplexen Variabeln z, welche auf die Funktion $f(\varphi)$ unter dem Integralzeichen führt? Hierfür können selbstverständlich keine allgemeinen Regeln gegeben werden; in den meisten Fällen dagegen wird bei einiger Übung leicht die Funktion $F(z)$, von der auszugehen ist, erkannt werden.

27. Beispiel.
$$\int_0^{\pi} (1 - 2\, r \cos\varphi + r^2)\, d\varphi.$$

Unsere Funktion $f(\varphi) = (1 - 2\, r \cos\varphi + r^2)$ unter dem Integralzeichen erkennen wir als Produkt der beiden in r linearen Trinome $(1 - r\cos\varphi - i r \sin\varphi)$ und $(1 - r\cos\varphi + i r \sin\varphi)$:
$$f(\varphi) = (1 - r\cos\varphi - i r \sin\varphi)(1 - r\cos\varphi + i r \sin\varphi).$$

Aber
$$1 - r\cos\varphi - i r \sin\varphi = 1 - z$$
und
$$1 - r\cos\varphi + i r \sin\varphi = 1 - \frac{r^2}{z},$$
somit
$$F(z) = (1 - z)\left(1 - \frac{r^2}{z}\right) = \frac{(1 - z)(z - r^2)}{z}.$$

Es ist dies eine eindeutige und — abgesehen vom Punkte $z = 0$ — stetige Funktion innerhalb eines mit dem beliebig grossen Radius r aus dem Ursprung beschriebenen Kreises. Im Punkte $z = 0$ wird die Funktion $f(z) = \frac{F(z)}{z}$ von der 2. Ordnung unendlich gross; wir haben daher
$$\chi(\alpha) = \lim_{u=0} \frac{u^2(1 - u)(u - r^2)}{(0 + u)^2},$$
womit
$$\operatorname*{Res}_{\alpha=0} \frac{F(\alpha)}{\alpha} = \chi'(\alpha) = r^2 + 1.$$

Da ferner $\int_0^{2\pi} = 2 \int_0^{\pi}$ — denn $\int_{\pi}^{2\pi}$ geht durch die Substitution $\varphi = 2\pi - \vartheta$ über in $\int_0^{\pi}$ — so ergiebt sich

$$(49) \quad \int_0^{\pi} (1 - 2\, r \cos\varphi + r^2)\, d\varphi = \pi (r^2 + 1)$$

für jedes beliebige endliche r.

28. Beispiel.
$$\int_0^{\pi} (1 - 2\, r \cos\varphi + r^2)^2\, d\varphi.$$

Dem vorigen Beispiele ist zu entnehmen, dass wir auszugehen haben von der Funktion

$$F(z) = \left[\frac{(1-z)(z-r^2)}{z}\right]^2;$$

denn $z = r e^{i\varphi}$ gesetzt, giebt in der That

$$f(\varphi) = F(r e^{i\varphi}) = (1 - 2r\cos\varphi + r^2)^2.$$

$f(z) = \frac{F(z)}{z}$ wird allein unstetig im Punkte $z = 0$, in welchem diese Funktion von der 3. Ordnung unendlich gross wird. Nun ist

$$\chi(0) = \lim_{u=0} (1-u)^2 (u-r^2)^2,$$

$$\chi'(0) = \lim_{u=0} [-2(1-u)(u-r^2)^2 + 2(1-u)^2(u-r^2)],$$

$$\operatorname*{Res}_{\alpha=0} \frac{F(\alpha)}{\alpha} = \frac{\chi''(0)}{2!} = \frac{1}{2} \lim_{u=0} [2(u-r^2)^2 - 4(1-u)(u-r^2) - 4(1-u)(u-r^2) + 2(1-u^2)]$$
$$= r^4 + 4r^2 + 1,$$

somit, da auch hier $\int_0^{2\pi} = 2\int_0^{\pi}$,

$$(50) \quad \ldots\ldots\ldots \quad \int_0^{\pi} (1 - 2r\cos\varphi + r^2)^2 d\varphi = \pi(r^4 + 4r^2 + 1)$$

für jedes beliebige endliche r.

29. Beispiel. $\int_0^{\pi} \frac{\cos a\varphi}{1 - 2r\cos\varphi + r^2} d\varphi.$

Die komplexe Funktion $F(z)$, von der wir auszugehen haben, wird eine gebrochene Funktion von z sein: Die Nennerfunktion derselben wird, wie den beiden vorigen Beispielen zu entnehmen ist, aus dem Produkt der Binome $(1-z)$ und $\left(1 - \frac{r^2}{z}\right)$ bestehen. Denken wir dann ferner daran, dass $z^a = r^a(\cos a\varphi + i\sin a\varphi)$, so wird unsere Funktion $F(z)$ heissen müssen:

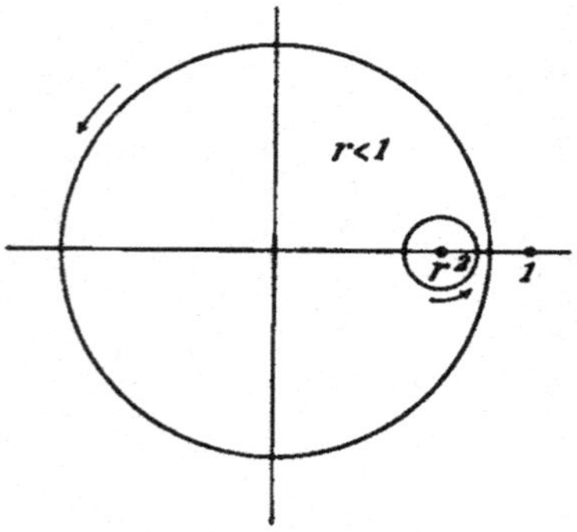

$$F(z) = \frac{z^a}{(1-z)\left(1 - \frac{r^2}{z}\right)} = \frac{z^{a+1}}{(1-z)(z-r^2)},$$

womit

$$F(r e^{i\varphi}) = \frac{r^a(\cos a\varphi + i\sin a\varphi)}{1 - 2r\cos\varphi + r^2}.$$

Innerhalb des aus dem Ursprung beschriebenen Integrationskreises vom Halbmesser $r < 1$ ist die Funktion $f(z) = \frac{F(z)}{z}$ nur unstetig im Punkte $z = r^2$.

Die Konstante a hat selbstverständlich eine positive ganze Zahl zu sein, da sonst $F(z)$ bezw. $f(z)$ eine vieldeutige Funktion wäre, deren Verzweigungspunkt $z = 0$ innerhalb unseres Integrationsgebiets zu fallen käme, wodurch der Forderung, dass unser Integrationsweg eine wirklich geschlossene Linie bilde, nicht mehr genügt würde.

Nun ist

$$\operatorname*{Res}_{\alpha = r^2} \frac{F(\alpha)}{\alpha} = \frac{r^{2a}}{1 - r^2},$$

somit, wenn wir gleich die Trennung des Reellen und Imaginären vornehmen und den imaginären Teil beiseite lassen:

$$\int_0^{2\pi} \frac{\cos a\varphi}{1 - 2r\cos\varphi + r^2}\, d\varphi = \frac{2\pi r^a}{1 - r^2}.$$

Damit aber, weil $\int_0^{2\pi} = 2\int_0^{\pi}$,

$$(51) \ldots\ldots \quad \int_0^{\pi} \frac{\cos a\varphi}{1 - 2r\cos\varphi + r^2}\, d\varphi = \frac{\pi r^a}{1 - r^2}, \quad r < 1.$$

Sei jetzt $r > 1$, so ist jedenfalls

$$\int_0^{\pi} \frac{\cos a\varphi}{1 - 2r\cos\varphi + r^2}\, d\varphi = \frac{1}{r^2}\int_0^{\pi} \frac{\cos a\varphi}{1 - \frac{2}{r}\cos\varphi + \frac{1}{r^2}}\, d\varphi.$$

Da aber $\frac{1}{r} < 1$, so kann wegen (51) geschrieben werden:

$$(51\text{a}) \ldots \quad \int_0^{\pi} \frac{\cos a\varphi}{1 - 2r\cos\varphi + r^2}\, d\varphi = \frac{1}{r^2}\,\frac{\pi\left(\frac{1}{r}\right)^a}{1 - \left(\frac{1}{r}\right)^2} = \frac{-\pi r^{-a}}{1 - r^2}, \quad r > 1.$$

Es braucht kaum gesagt zu werden, dass diese Formel auch direkt abgeleitet werden kann: Ist nämlich $r > 1$, so kommt der Pol $z = 1$ innerhalb des Integrationswegs zu liegen, der Pol $z = r^2$ dagegen fällt jetzt ausserhalb desselben.

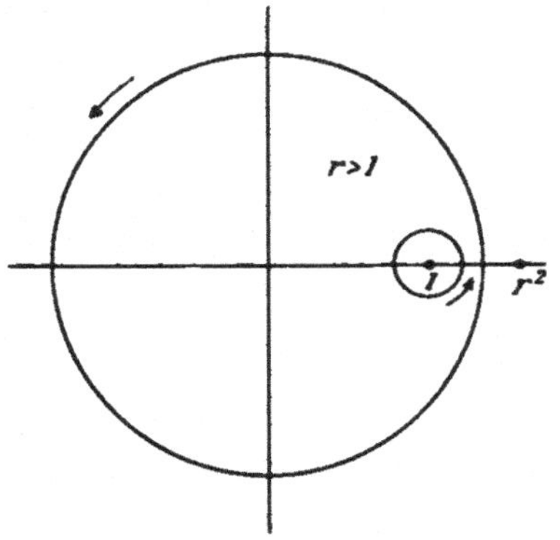

Nun ist

$$\operatorname*{Res}_{\alpha = 1} \frac{F(\alpha)}{\alpha} = \frac{-1}{1 - r^2}.$$

Durch Trennung des Reellen vom Imaginären und Übergang zu $\int_0^{\pi}$ ergiebt sich unmittelbar der unter (51a) angegebene Wert.

Da $\cos\varphi$ von 0 bis $\frac{\pi}{2}$ dieselben Werte hat wie von $\varphi = \frac{\pi}{2}$ bis π, nur dass diese alle negativ sind, so gelten unsere Formeln (51) auch für den Fall, dass das mittlere Glied im Nenner mit positivem Zeichen versehen ist, oder — unter Belassung des negativen

Zeichens — für den Fall, dass r negativ und bezüglich $\gtrless -1$. Die Bedingungen für die Gültigkeit unserer Formeln (51) können dann kurz geschrieben werden:

$$r^2 < 1 \text{ bezw. } r^2 > 1.$$

Um aus den erhaltenen Formen ein paar weitere herzuleiten, schreiben wir die Identität an:

$$\frac{2\cos a\varphi}{1-r^2}\left(\frac{1-r\cos\varphi}{1-2r\cos\varphi+r^2}-\frac{1}{2}\right)=\frac{\cos a\varphi}{1-2r\cos\varphi+r^2}$$

und erhalten durch Integration zwischen den Grenzen 0 und π und Berücksichtigung der Gleichung (51)

$$\frac{2}{1-r^2}\int_0^\pi \frac{1-r\cos\varphi}{1-2r\cos\varphi+r^2}\cos a\varphi\, d\varphi - \frac{1}{1-r^2}\int_0^\pi \cos a\varphi\, d\varphi = \frac{\pi r^a}{1-r^2},\quad r<1.$$

Da aber a eine ganze Zahl, so ist $\int_0^\pi \cos a\varphi\, d\varphi = 0$, und damit

$$(52) \quad \ldots\ldots \quad \int_0^\pi \frac{1-r\cos\varphi}{1-2r\cos\varphi+r^2}\cos a\varphi\, d\varphi = \frac{\pi}{2} r^a,\quad r<1.$$

Hieraus aber wieder mit Berücksichtigung von (51) unmittelbar die Gleichung

$$(53) \quad \ldots\ldots \quad \int_0^\pi \frac{\cos\varphi\cos a\varphi}{1-2r\cos\varphi+r^2}\, d\varphi = \frac{\pi}{2} r^{a-1}\frac{1+r^2}{1-r^2},\quad r<1.$$

Durch Integration der obigen Identität zwischen den Grenzen 0 und π und Heranziehung der Gleichung (51a) ergeben sich ganz ebenso für $r>1$ die beiden Formen

$$(52a) \text{ u. } (53a) \quad \ldots \quad \int_0^\pi \frac{1-r\cos\varphi}{1-2r\cos\varphi+r^2}\cos a\varphi\, d\varphi = -\frac{\pi}{2} r^{-a},\quad r>1$$

und

$$\int_0^\pi \frac{\cos\varphi\cos a\varphi}{1-2r\cos\varphi+r^2}\, d\varphi = -\frac{\pi}{2} r^{-a-1}\frac{1+r^2}{1-r^2},\quad r>1.$$

30. Beispiel. $$\int_0^\pi \frac{\sin\varphi\sin a\varphi}{1-2r\cos\varphi+r^2}\, d\varphi.$$

Wir gehen aus von der komplexen Funktion

$$F(z)=\frac{z^a}{1-z}.$$

Es wird dann

$$F(re^{i\varphi})=\frac{r^a(1-r\cos\varphi)\cos a\varphi - r^{a+1}\sin\varphi\sin a\varphi}{1-2r\cos\varphi+r^2}+i\frac{Z}{N}.$$

Wählen wir den Halbmesser des aus dem Ursprung beschriebenen Integrationskreises < 1, so ist unter der Voraussetzung, dass a eine ganze positive Zahl, $f(z) = \frac{F(z)}{z}$ innerhalb desselben durchaus stetig und auch eindeutig. Damit aber haben wir die Gleichung:

$$\int_0^{2\pi} \frac{1 - r\cos\varphi}{1 - 2r\cos\varphi + r^2} \cos a\varphi \, d\varphi - r \int_0^{2\pi} \frac{\sin\varphi \sin a\varphi}{1 - 2r\cos\varphi + r^2} d\varphi = 0,$$

woraus sich vermöge Gleichung (52) unmittelbar ergiebt, da offenbar $\int_0^{2\pi} = 2\int_0^{\pi}$:

$$(54) \ldots\ldots \int_0^{\pi} \frac{\sin\varphi \sin a\varphi}{1 - 2r\cos\varphi + r^2} d\varphi = \frac{\pi}{2} r^{a-1}, \quad r < 1.$$

Sei jetzt $r > 1$, so kann geschrieben werden:

$$\int_0^{\pi} \frac{\sin\varphi \sin a\varphi}{1 - 2r\cos\varphi + r^2} d\varphi = \frac{1}{r^2} \int_0^{\pi} \frac{\sin\varphi \sin a\varphi}{\frac{1}{r^2} - \frac{2}{r}\cos\varphi + 1} d\varphi.$$

Da aber im Integral rechts $\frac{1}{r} < 1$, so ist vermöge der vorigen Gleichung

$$(54_a) \ldots \int_0^{\pi} \frac{\sin\varphi \sin a\varphi}{1 - 2r\cos\varphi + r^2} d\varphi = \frac{\pi}{2r^2} \left(\frac{1}{r}\right)^{a-1} = \frac{\pi}{2} r^{-a-1}, \quad r > 1.$$

31. Beispiel. $$\int_0^{\pi} \frac{\cos a\varphi}{1 \pm p\cos\varphi} d\varphi.$$

Man bemerkt leicht, dass $1 + 2r\cos\varphi = 1 + z + \frac{r^2}{z}$; wir gehen daher aus von

$$F(z) = \frac{z^a}{1 + z + \frac{r^2}{z}} = \frac{z^{a+1}}{z^2 + z + r^2},$$

womit

$$F(re^{i\varphi}) = \frac{r^a(\cos a\varphi + i\sin a\varphi)}{1 + 2r\cos\varphi}.$$

Die Unstetigkeitspunkte unserer Funktion $f(z) = \frac{F(z)}{z}$, die rational — denn unter a hat man sich eine positive ganze Zahl vorzustellen — sind

$$\left.\begin{matrix}\alpha_1\\ \alpha_2\end{matrix}\right\} = -\frac{1}{2} \pm \frac{1}{2}\sqrt{1 - 4r^2}.$$

Ist $2r < 1$, so bedeuten die α zwei reelle, also auf der X-Achse gelegene Pole. Es fragt sich nun, ob unter dieser Bedingung beide Unstetigkeitspunkte innerhalb des Integrationskreises liegen oder nur 1 oder vielleicht keiner von beiden.

Sei nun also $2r < 1$, so ist $r < \frac{1}{2}$, also z. B. $r = \frac{1}{2} - \varepsilon$, wo ε eine beliebig kleine positive Grösse ist. Damit

$$\left.\begin{matrix}\alpha_1\\ \alpha_2\end{matrix}\right\} = -\frac{1}{2} \pm \sqrt{\varepsilon(1-\varepsilon)} = -\frac{1}{2} \pm \lambda\varepsilon, \text{ wo } \lambda > 1;$$

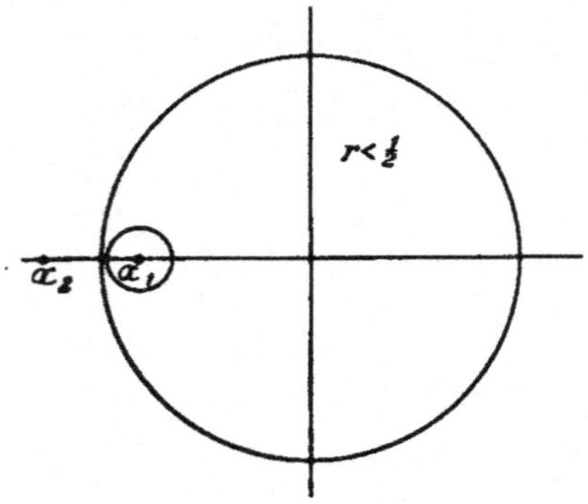

denn $\sqrt{\varepsilon(1-\varepsilon)} > \varepsilon$. Hieraus ist aber ersichtlich, dass der Pol $z = \alpha_2$ ausserhalb, $z = \alpha_1$ dagegen innerhalb des Integrationskreises liegt.

Nun ist

$$\operatorname{Res} \frac{F(\alpha_1)}{\alpha_1} = \frac{(-1 + \sqrt{1-4r^2})^a}{2^a \sqrt{1-4r^2}}.$$

Und da dieser Wert unter obiger Voraussetzung ein reeller ist, so ergiebt sich vermöge Formel (G) — wenn wir Reelles und Imaginäres gleich trennen — als reeller Teil:

$$\int_0^{2\pi} \frac{\cos a\varphi}{1 + 2r\cos\varphi}\, d\varphi = \frac{\pi}{2^{a-1} r^a} \cdot \frac{(-1 + \sqrt{1-4r^2})^a}{\sqrt{1-4r^2}}.$$

Schreiben wir hierin p statt $2r$ und bedenken, dass $\int_0^{2\pi} = 2\int_0^{\pi}$, so kommt:

$$(55) \quad \ldots \quad \int_0^{\pi} \frac{\cos a\varphi}{1 + p\cos\varphi}\, d\varphi = \frac{\pi}{\sqrt{1-p^2}} \left(\frac{-1 + \sqrt{1-p^2}}{p}\right)^a, \quad p < 1.$$

$\varphi = \pi - \vartheta$ gesetzt, giebt, da $\cos a(\pi - \vartheta) = (-1)^a \cos a\vartheta$, unmittelbar

$$(55a) \ldots \quad \int_0^{\pi} \frac{\cos a\varphi}{1 - p\cos\varphi}\, d\varphi = \frac{\pi}{\sqrt{1-p^2}} \left(\frac{1 - \sqrt{1-p^2}}{p}\right)^a, \quad p < 1.$$

32. Beispiel. $$\int_0^{\pi} \frac{\sin\varphi}{1 - 2r\cos\varphi + r^2} \operatorname{tg}\frac{\varphi}{2}\, d\varphi.$$

Wir gehen aus von

$$F(z) = \frac{2r - z - \frac{r^2}{z}}{(1-z)\left(1 - \frac{r^2}{z}\right)} = \frac{2rz - z^2 - r^2}{(1-z)(z-r^2)};$$

denn wir erhalten so:

$$F(re^{i\varphi}) = \frac{2r(1-\cos\varphi)}{1-2r\cos\varphi+r^2}\cdot\frac{\sin\varphi}{\sin\varphi} = \frac{2r\sin\varphi}{1-2r\cos\varphi+r^2}\,\mathrm{tg}\,\frac{\varphi}{2}.$$

Unsere eindeutige Funktion $f(z) = \frac{F(z)}{z}$ wird unstetig für $z = 0$, $z = 1$ und $z = r^2$. Nehmen wir den Halbmesser des aus dem Ursprung beschriebenen Integrationskreises $r < 1$ an, so liegen innerhalb dieses Kreises die Pole $z = 0$ und $z = r^2$, dagegen kommt $z = 1$ ausserhalb desselben zu liegen. Nun ist

$$\operatorname*{Res}_{\alpha=0}\frac{F(\alpha)}{\alpha} = 1$$

und

$$\operatorname*{Res}_{\alpha=r^2}\frac{F(\alpha)}{\alpha} = \frac{-(1-r)}{1+r},$$

sonach giebt Formel (G) die Gleichung

$$\int_0^{2\pi}\frac{\sin\varphi}{1-2r\cos\varphi+r^2}\,\mathrm{tg}\,\frac{\varphi}{2}\,d\varphi = \frac{2\pi}{2r}\left(1-\frac{1-r}{1+r}\right) = \frac{2\pi}{1+r};$$

aber $\int_0^{2\pi} = 2\int_0^{\pi}$, somit

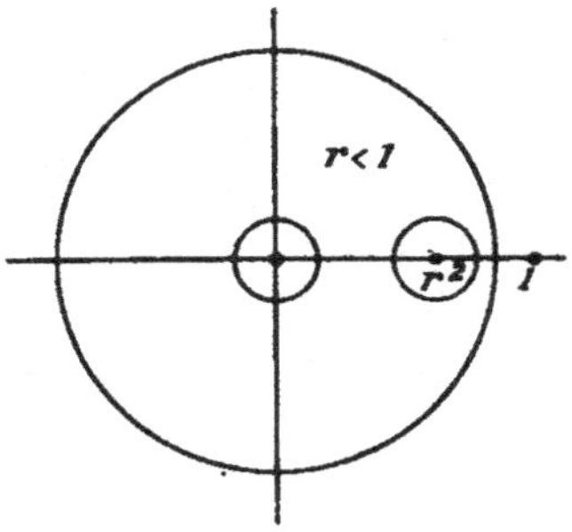

$$(56)\quad \int_0^{\pi}\frac{\sin\varphi}{1-2r\cos\varphi+r^2}\,\mathrm{tg}\,\frac{\varphi}{2}\,d\varphi = \frac{\pi}{1+r},\quad r<1.$$

Es besteht diese Gleichung aber auch noch für negative $r > -1$*), so dass sich die Gültigkeitsbedingung unserer Formel schreiben lässt

$$r^2 < 1.$$

Um den Wert des vorgelegten Integrals für $r > 1$, bezw. für $r^2 > 1$ zu bekommen, schreiben wir:

$$\int_0^{\pi}\frac{\sin\varphi}{1-2r\cos\varphi+r^2}\,\mathrm{tg}\,\frac{\varphi}{2}\,d\varphi = \frac{1}{r^2}\int_0^{\pi}\frac{\sin\varphi}{\frac{1}{r^2}-\frac{2}{r}\cos\varphi+1}\,\mathrm{tg}\,\frac{\varphi}{2}\,d\varphi.$$

Da aber im Integral rechts $\frac{1}{r} < 1$, so ist vermöge der vorigen Gleichung:

$$(56_a)\quad \int_0^{\pi}\frac{\sin\varphi}{1-2r\cos\varphi+r^2}\,\mathrm{tg}\,\frac{\varphi}{2}\,d\varphi = \frac{1}{r^2}\cdot\frac{\pi}{1+\frac{1}{r}} = \frac{\pi}{r(r+1)},\quad r^2>1.$$

Es kann dieser Wert natürlich auch wieder hergeleitet werden, ohne dass wir uns auf Gleichung (56) berufen. Ist nämlich der Radius des Integrationskreises $r > 1$, so

---

*) Siehe die bezügliche Bemerkung bei Beispiel 29.

kommt der Pol $z = r^2$ ausserhalb desselben zu liegen, der Pol $z = 1$ dagegen innerhalb; das auf $z = 1$ bezügliche Residuum aber

$$\operatorname*{Res}_{\alpha=1} \frac{F(\alpha)}{\alpha} = \frac{1-r}{1+r},$$

somit, wenn wir gleich zu $\int_0^\pi$ übergehen:

$$\int_0^\pi \frac{\sin\varphi}{1-2r\cos\varphi+r^2} \operatorname{tg}\frac{\varphi}{2}\, d\varphi = \frac{2\pi}{4r}\left(1+\frac{1-r}{1+r}\right) = \frac{\pi}{r(r+1)},\quad r^2 > 1.$$

33. Beispiel. $$\int_0^{2\pi} \frac{d\varphi}{a+b\cos\varphi+c\sin\varphi}\ ^{*)}.$$

Es ist:

$$z+\frac{r^2}{z} = 2r\cos\varphi \quad\text{und}\quad -i\left(z-\frac{r^2}{z}\right) = 2r\sin\varphi;$$

wir gehen daher aus von

$$F(z) = \frac{1}{a+b_1\left(z+\frac{r^2}{z}\right)-ic_1\left(z-\frac{r^2}{z}\right)} = \frac{z}{(b_1-ic_1)(z-\alpha_1)(z-\alpha_2)},$$

wo α_1 und α_2 die Wurzeln der Nennerfunktion. Für $2b_1r$ schreiben wir b, für $2c_1r$ aber c; dann wird

$$F(re^{i\varphi}) = \frac{1}{a+b\cos\varphi+c\sin\varphi}.$$

Unsere rationale Funktion $f(z) = \frac{F(z)}{z}$ wird unstetig für

$$\left.\begin{matrix}\alpha_1\\ \alpha_2\end{matrix}\right\} = \frac{-a\pm\sqrt{a^2-4r^2(b_1^2+c_1^2)}}{2(b_1-ic_1)} = \frac{-a\pm\sqrt{a^2-(b^2+c^2)}}{b-ic}\,r.$$

Sei nun $a^2 > b^2+c^2$, so ist $\sqrt{a^2-(b^2+c^2)}$ — welchen Ausdruck wir kurz mit dem Buchstaben d bezeichnen wollen — reell, und wir haben

$$\left.\begin{matrix}\alpha_1\\ \alpha_2\end{matrix}\right\} = \frac{-a\pm d}{b-ic}\,r = \left[\frac{(-a\pm d)b}{b^2+c^2} + i\frac{(-a\pm d)}{b^2+c^2}\right]r.$$

Es fragt sich nun, ob unter obiger Bedingung beide Unstetigkeitspunkte innerhalb des aus dem Ursprung mit Radius r beschriebenen Integrationskreises liegen, oder ob nur 1 oder keiner innerhalb desselben fällt. Setzen wir für den reellen Teil von α_1 kurz λ, für den mit i multiplizierten μ, so dass also

$$\alpha_1 = \lambda + i\mu,$$

so wird sein

$$\alpha_2 = \lambda - i\mu,$$

---

*) Es findet sich dieses Integral, auch für komplexe a, b, c behandelt, in Grunert's Archiv, Band 55.

und damit

$$\lambda^2 + \mu^2 = \frac{(-a \pm d)^2}{b^2 + c^2} r^2.$$

Es gilt also nachzuweisen, ob $\frac{(-a \pm d)^2}{b^2 + c^2} \lesseqgtr 1.$

Nun aber ist offenbar unter der Bedingung $a^2 > b^2 + c^2$, also für $a > d > 0$,

$$\frac{(-a + d)^2}{b^2 + c^2} = \frac{(a - d)^2}{a^2 - d^2} = \frac{a - d}{a + d} < 1,$$

d. h. der Pol α_1 liegt innerhalb des Integrationskreises; und weil

$$\frac{(-a - d)^2}{b^2 + c^2} = \frac{a + d}{a - d} > 1,$$

der Pol α_2 ausserhalb desselben.

Nun ist

$$\operatorname{Res} \frac{F(\alpha_1)}{\alpha_1} = \frac{2r}{(\alpha_1 - \alpha_2)(b - ic)} = \frac{1}{d} = \frac{1}{\sqrt{a^2 - (b^2 + c^2)}},$$

sonach

$$(57) \quad \ldots \quad \int_0^{2\pi} \frac{d\varphi}{a + b\cos\varphi + c\sin\varphi} = \frac{2\pi}{\sqrt{a^2 - (b^2 + c^2)}}, \quad a^2 > b^2 + c^2.$$

Sei jetzt $a^2 < b^2 + c^2$. Bezeichnen wir dann den reellen Bestandteil von $\sqrt{a^2 - (b^2 + c^2)}$ der Kürze halber wieder mit d, so ist

$$\left.\begin{matrix}\alpha_1\\ \alpha_2\end{matrix}\right\} = \frac{-a + id}{b - ic} r = \left[\frac{-ab \mp cd}{b^2 + c^2} + i \frac{-ac + bd}{b^2 + c^2}\right] r = \lambda + i\mu,$$

womit

$$\lambda^2 + \mu^2 = \frac{a^2 + d^2}{b^2 + c^2} r^2;$$

aber $d^2 = b^2 + c^2 - a^2$, giebt

$$\lambda^2 + \mu^2 = r^2,$$

d. h. α_1 und α_2 liegen beide auf dem Integrationskreise.

Nun ist

$$\operatorname{Res} \frac{F(\alpha_1)}{\alpha_1} = \frac{2r}{(\alpha_1 - \alpha_2)(b - ic)} = -id \text{ und } \operatorname{Res} \frac{F(\alpha_2)}{\alpha_2} = \frac{2r}{(\alpha_2 - \alpha_1)(b - ic)} = id.$$

Damit aber können wir, indem wir uns des in § 8 Gesagten erinnern, unmittelbar die Gleichung anschreiben:

$$(57a) \quad . \; . \quad \text{Hptw.} \int_0^{2\pi} \frac{d\varphi}{a + b\cos\varphi + c\sin\varphi} = \pi(-id + id) = 0, \quad a^2 < b^2 + c^2,$$

dem allgemeinen Integral aber kommt unter dieser Bedingung kein bestimmter endlicher Wert zu*). Ganz ebenso verhält es sich für $a^2 = b^2 + c^2$.

*) s. § 9.

34. Beispiel. $$\int_0^{\pi} \frac{e^{p\cos\varphi}\cos(p\sin\varphi)}{\cos\varphi}\, d\varphi.$$

Bedenken wir, dass $z + \frac{r^2}{z} = 2r\cos\varphi$ und $e^{az} = e^{ar\cos\varphi}[\cos(ar\sin\varphi) + i\sin(ar\sin\varphi)]$, so werden wir ausgehen von

$$F(z) = \frac{e^{az}}{z + \frac{r^2}{z}} = \frac{z\,e^{az}}{z^2 + r^2},$$

womit

$$F(re^{i\varphi}) = \frac{e^{ar\cos\varphi}[\cos(ar\sin\varphi) + i\sin(ar\sin\varphi)]}{2r\cos\varphi}.$$

Die beiden Pole unserer eindeutigen Funktion $\frac{F(z)}{z}$ liegen auf dem aus dem Ursprung mit dem Halbmesser r beschriebenen Integrationskreise; dem allgemeinen Integrale kommt demnach kein bestimmter endlicher Wert zu*). Indessen wollen wir doch seinen Hauptwert bestimmen, der ein endlicher ist, da die Integrale über die unendlich kleinen, halbkreisförmigen Ausbiegungen in Bezug auf die beiden Pole $z = \pm ri$ endliche Werte — nämlich die mit πi multiplizierten Residuen**) — annehmen***).

Nun ist

$$\operatorname*{Res}_{\alpha_1 = ri} \frac{F(\alpha_1)}{\alpha_1} = \frac{e^{ari}}{2ri} \text{ und } \operatorname*{Res}_{\alpha_2 = -ri} \frac{F(\alpha_2)}{\alpha_2} = \frac{e^{-ari}}{-2ri};$$

sonach

$$\text{Hptw.} \int_0^{2\pi} \frac{e^{ar\cos\varphi}[\cos(ar\sin\varphi) + i\sin(ar\sin\varphi)]}{2r\cos\varphi}\, d\varphi = \pi\left[\frac{e^{ari}}{2ri} - \frac{e^{-ari}}{2ri}\right].$$

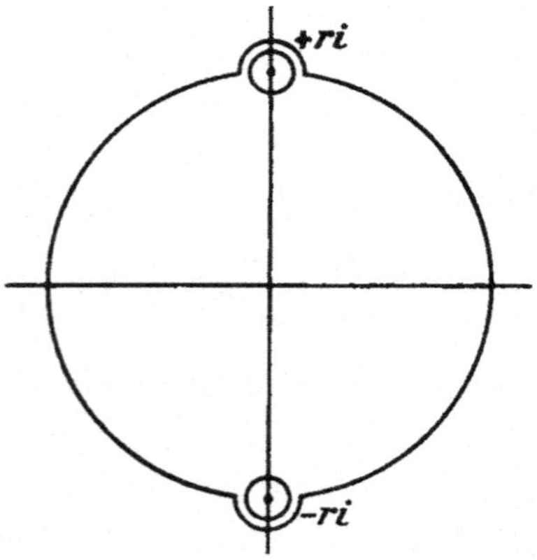

Durch Trennung des Reellen und Imaginären:

$$\text{Hptw.} \int_0^{2\pi} \frac{e^{ar\cos\varphi}\cos(ar\sin\varphi)}{\cos\varphi}\, d\varphi = 2\pi\sin ar,$$

und

$$\text{Hptw.} \int_0^{2\pi} \frac{e^{ar\cos\varphi}\sin(ar\sin\varphi)}{\cos\varphi}\, d\varphi = 0.$$

Wie man leicht sieht, ist diese letztere Gleichung evident.

Bezüglich der ersteren gilt $\int_0^{2\pi} = 2\int_0^{\pi}$; und schreiben wir p statt 2r, so kommt:

*) s. § 9.
**) s. § 8.
***) s. § 10.

$$(58) \quad \ldots\ldots\ldots \text{Hptw.} \int_0^{\pi} \frac{e^{p\cos\varphi}\cos(p\sin\varphi)}{\cos\varphi}\,d\varphi = \pi\sin p,$$

das allgemeine Integral selbst, d. h. das in den Unstetigkeitspunkt $\frac{\pi}{2}$ hineingeführte Integral aber hat keinen Sinn.

Bierens de Haan, der in der That den Wert ∞ angiebt, sagt von dem von Schlömilch angegebenen und mit dem eben gefundenen übereinstimmenden Resultate, dass es „falsch" sei.

35. Beispiel. $$\int_0^{\pi} \lg(1 \pm 2r\cos\varphi + r^2)\,d\varphi.$$

Wir gehen aus von

$$F(z) = \lg(1+z);$$

denn wir erhalten so, wenn wir den Zweig der einfachsten Funktionswerte in Bezug auf diese vieldeutige Funktion herausgreifen:

$$F(re^{i\varphi}) = \frac{1}{2}\lg(1 + 2r\cos\varphi + r^2) + i\,\mathrm{arctg}\,\frac{r\sin\varphi}{1 + r\cos\varphi}.$$

Nun ist $z = -1$ ein Verzweigungspunkt der Funktion $\lg(1+z)$; lassen wir daher den Radius r des aus dem Ursprung beschriebenen Integrationskreises < 1 sein, so liegt innerhalb desselben nur der Pol $z = 0$. Da aber

$$F(0) = 0,$$

so wird

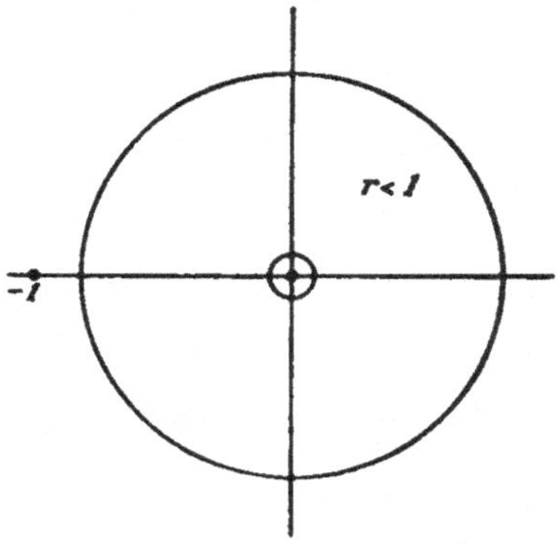

$$(59) \quad \ldots \int_0^{2\pi} \lg(1 + 2r\cos\varphi + r^2)\,d\varphi = 0, \quad r < 1$$

und

$$(60) \quad \ldots \int_0^{2\pi} \mathrm{arctg}\,\frac{r\sin\varphi}{1 + r\cos\varphi}\,d\varphi = 0, \quad r < 1.$$

Sei nun $r > 1$, so kann geschrieben werden:

$$\int_0^{2\pi} \lg(1 + 2r\cos\varphi + r^2)\,d\varphi = \int_0^{2\pi} \lg r^2\,d\varphi + \int_0^{2\pi} \lg\left(\frac{1}{r^2} + \frac{2}{r}\cos\varphi + 1\right)d\varphi.$$

Das zweite Integral rechts verschwindet aber, da $\frac{1}{r} < 1$; und da $\int_0^{2\pi} \lg r^2\,d\varphi = 4\pi\lg r$, so ergiebt sich

$$(59\text{a}) \quad \ldots\ldots \int_0^{2\pi} \lg(1 + 2r\cos\varphi + r^2)\,d\varphi = 4\pi\lg r, \quad r > 1.$$

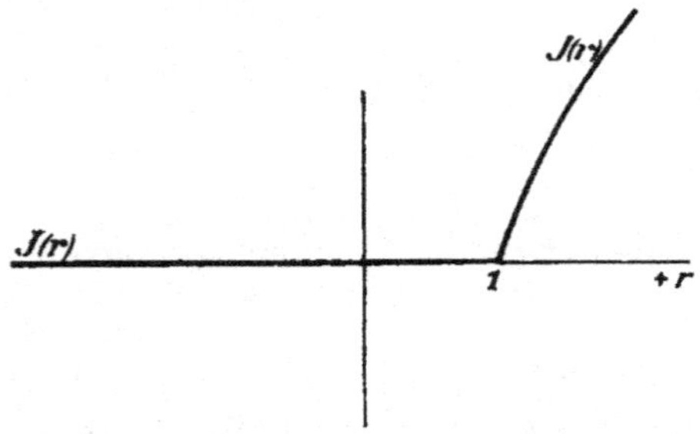

Die für $r < 1$ und $r > 1$ gefundenen Werte des Integrals $\int\limits_0^{2\pi} \lg(1 + 2r\cos\varphi + r^2)\,d\varphi$ in Formel (59) und (59a) fallen für $r = 1$ in einen und denselben Wert (0) zusammen; das Integral, als Funktion von r betrachtet, hört also für $r = 1$ nicht auf stetig zu sein. Als Descartes'sche Darstellung erhalten wir etwa den in nebenstehender Figur verzeichneten Verlauf von $J(r)$.

Da ferner $\int\limits_0^{2\pi} = 2\int\limits_0^{\pi}$, so können wir auch schreiben:

$$(59\,b) \ldots \quad \int\limits_0^{\pi} \lg(1 + 2r\cos\varphi + r^2)\,d\varphi = \begin{cases} 0 \\ 2\pi \lg r \end{cases} \text{je nachdem } r \lesseqgtr 1.$$

Da endlich $\cos\varphi$ von 0 bis $\frac{\pi}{2}$ dieselben Werte hat wie von $\frac{\pi}{2}$ bis π, nur dass diese alle negativ sind, so dass $-2r\cos\varphi$, wenn φ von 0 bis π geht, genau dieselben Werte hat wie $+2r\cos\varphi$ unter derselben Voraussetzung, so lässt sich schreiben:

$$(59\,c) \ldots \quad \int\limits_0^{\pi} \lg(1 \pm 2r\cos\varphi + r^2)\,d\varphi = \begin{cases} 0 \\ 2\pi \lg r \end{cases} \text{je nachdem } r \lesseqgtr 1.$$

Setzen wir $r = 1$, so kommt:

$$\int\limits_0^{\pi} \lg 2(1 + \cos\varphi)\,d\varphi = 0,$$

woraus

$$(59\,d) \ldots \ldots \quad \int\limits_0^{\pi} \lg(1 + \cos\varphi)\,d\varphi = -\pi \lg 2.$$

Und da $1 + \cos\varphi = 2\cos^2\frac{\varphi}{2}$, so ergiebt sich hieraus nach einiger Umformung das weitere Resultat

$$59\,e) \ldots \ldots \quad \int\limits_0^{\pi} \lg\cos\varphi\,d\varphi = -\frac{\pi}{2}\lg 2.$$

36. Beispiel. $\int\limits_0^{\pi} \lg(1 + 2r\cos\varphi + r^2)\cos a\varphi\,d\varphi,$

wo a eine positive, ganze Zahl ist.

Wir gehen aus von

$$F(z) = z^a \lg(1+z).$$

Greifen wir den Zweig der einfachsten Funktionswerte in Bezug auf die vieldeutige Funktion $\lg(1+z)$ heraus, so können wir schreiben:

$$F(re^{i\varphi}) = r^a(\cos a\varphi + i\sin a\varphi)\left[\frac{1}{2}\lg(1+2r\cos\varphi + r^2) + i\,\mathrm{arctg}\,\frac{r\sin\varphi}{1+r\cos\varphi}\right].$$

Da $z = 1$ ein Verzweigungspunkt der Funktion $\lg(1+z)$, so werden wir den Radius r des aus dem Ursprung beschriebenen Integrationskreises < 1 wählen müssen. Alsdann aber ist unsere Funktion $F(z)$ innerhalb desselben und auf demselben durchaus stetig und eindeutig. Da nun

$$F(0) = 0,$$

so haben wir vermöge Gleichung (H), wenn wir gleich die Trennung des Reellen und Imaginären vornehmen,

$$(*)\ .\quad \frac{1}{2}\int_0^{2\pi} \lg(1+2r\cos\varphi + r^2)\cos a\varphi\, d\varphi - \int_0^{2\pi} \sin a\varphi\, \mathrm{arctg}\,\frac{r\sin\varphi}{1+r\cos\varphi}\, d\varphi = 0.$$

Der Wert des Integrals rechter Hand aber ist leicht auf folgende Weise herzuleiten:

Es gilt für $r < 1$ die Entwickelung

$$\mathrm{arctg}\,\frac{r\sin\varphi}{1+r\cos\varphi} = \frac{1}{1}r\sin\varphi - \frac{1}{2}r^2\sin 2\varphi + \frac{1}{3}r^3\sin^3\varphi - + \ldots$$

Erinnert man sich ausserdem daran, dass $\int_0^{2\pi}\sin a\varphi \sin n\varphi\, d\varphi = \begin{cases} 0 \\ \pi \end{cases}$, je nachdem a und n $\begin{cases}\text{verschieden} \\ \text{gleich}\end{cases}$, so haben wir

$$\int_0^{2\pi} \sin a\varphi\, \mathrm{arctg}\,\frac{r\sin\varphi}{1+r\cos\varphi}\, d\varphi = (-1)^{a-1}\frac{r^a}{a}\int_0^{2\pi}\sin^2 a\varphi\, d\varphi = (-1)^{a-1}\frac{r^a}{a}\pi.$$

Damit aber vermöge Gleichung (*)

$$\int_0^{2\pi} \lg(1+2r\cos\varphi + r^2)\cos a\varphi\, d\varphi = 2\pi(-1)^{a-1}\frac{r^a}{a}.$$

Weil aber $\int_0^{2\pi} = 2\int_0^{\pi}$, so erhalten wir

$$(61)\ .\ .\ .\ .\ .\quad \int_0^{\pi} \lg(1+2r\cos\varphi + r^2)\cos a\varphi\, d\varphi = \pi(-1)^{a-1}\frac{r^a}{a},\quad r < 1.$$

Sei $r > 1$. Alsdann setze man wieder $\frac{1}{r}$ statt r, womit sich ergiebt:

$$(61\text{a})\ .\ .\ .\quad \int_0^{\pi} \lg(1+2r\cos\varphi + r^2)\cos a\varphi\, d\varphi = \pi(-1)^{a-1}\frac{r^{-a}}{a},\quad r > 1.$$

Dieselben Überlegungen wie die bei Beisp. 29 in Bezug auf Gleichung (51) gemachten, lassen uns statt der Bedingungen $r < 1$ und $r > 1$ die resp. Bedingungen

$$r^2 < 1 \text{ und } r^2 > 1$$

schreiben.

Beide Formeln (61) und (61a) gehen für $r = 1$ in den Wert $(-1)^{a-1}\frac{\pi}{a}$ über; das Integral, als Funktion von r betrachtet, hört also für $r = 1$ nicht auf stetig zu sein; wir erhalten

$$(61\text{b}) \quad \ldots\ldots \quad \int_0^\pi \lg(2+2\cos\varphi)\cos a\varphi\, d\varphi = \frac{\pi(-1)^{a-1}}{a}.$$

37. Beispiel. $$\int_0^\pi \lg(1-2r\cos\varphi+r^2)\frac{d\varphi}{\cos\varphi}.$$

Wir gehen aus von

$$F(z) = \frac{\lg(1-z)}{z+\frac{r^2}{z}} = \frac{z\lg(1-z)}{z^2+r^2},$$

so dass

$$F(re^{i\varphi}) = \frac{\frac{1}{2}\lg(1-2r\cos\varphi+r^2) - i\,\mathrm{arctg}\frac{r\sin\varphi}{1-r\cos\varphi}}{2r\cos\varphi},$$

für den Fall nämlich, dass wir den Zweig der einfachsten Funktionswerte in Bezug auf die Funktion $\lg(1-z)$ nehmen. Da $z = 1$ ein Verzweigungspunkt dieser vieldeutigen Funktion ist, so lassen wir den Radius r des aus dem Ursprung beschriebenen Integrationskreises < 1 sein. Auf diesem Kreise liegen die beiden Pole $z = \pm ri$, die wir durch unendlich kleine halbkreisförmige Ausbiegungen ein- oder ausschliessen können. Innerhalb dieses Kreises ist $F(z)$, aber auch $f(z) = \frac{F(z)}{z}$ durchaus stetig; wir haben also nur die Residuen bezüglich der Pole $z = \pm ri$ zu bilden:

$$\operatorname*{Res}_{\alpha=ri}\frac{F(\alpha)}{\alpha} = \frac{\lg(1-ri)}{2ri}, \quad \operatorname*{Res}_{\alpha=-ri}\frac{F(\alpha)}{\alpha} = \frac{\lg(1+ri)}{-2ri},$$

und erhalten so*):

$$\text{Hptw.}\int_0^{2\pi}\frac{\frac{1}{2}\lg(1-2r\cos\varphi+r^2) - i\,\mathrm{arctg}\frac{r\sin\varphi}{1-r\cos\varphi}}{2r\cos\varphi}\,d\varphi = \frac{\pi}{2ri}\lg\frac{1-ri}{1+ri} = -\frac{\pi}{r}\mathrm{arctg}\,r.$$

Durch Trennung des Reellen und Imaginären:

$$\text{Hptw.}\int_0^{2\pi}\lg(1-2r\cos\varphi+r^2)\frac{d\varphi}{\cos\varphi} = -4\pi\,\mathrm{arctg}\,r, \quad r < 1,$$

*) s. § 8.

und

$$\text{Hptw.}\int_0^{2\pi}\frac{\operatorname{arctg}\frac{r\sin\varphi}{1-r\cos\varphi}}{\cos\varphi}\,d\varphi=0,\ r<1.$$

Da in Bezug auf das erste dieser beiden Integrale das bei Beisp. 29 bezüglich Formel (51) Gesagte auch hier Anwendung findet, ausserdem $\int_0^{2\pi}=2\int_0^{\pi}$ ist, so kommt:

$$(62)\ \ldots\ \text{Hptw.}\int_0^{\pi}\lg(1-2r\cos\varphi+r^2)\frac{d\varphi}{\cos\varphi}=-2\pi\operatorname{arctg}r,\ r^2<1;$$

das in $\varphi=\frac{\pi}{2}$ hineingeführte Integral aber ist unbestimmt*).

Mit diesem Resultate ist das von Schlömilch in seinen Beiträgen (II, 1) gefundene identisch. Bierens de Haan giebt den Wert ∞ an und sagt »Schlömilch trouve fautivement $-2\pi\operatorname{arctg}r$«.

38. Beispiel. $\int_0^{\pi}(1+2r\cos\varphi+r^2)^{\frac{a}{2}}\cos\left(a\operatorname{arctg}\frac{r\sin\varphi}{1+r\cos\varphi}\right)d\varphi.$

Wie man leicht sieht, haben wir auszugehen von

$$F(z)=(1+z)^a.$$

Da diese Funktion, im Falle, dass a ein rationaler Bruch oder eine irrationale Zahl ist, im Punkte $z=-1$ einen Verzweigungspunkt besitzt, so werden wir den Radius r des aus dem Ursprung beschriebenen Integrationskreises <1 wählen müssen; es befindet sich dann innerhalb desselben nur der Pol $z=0$.

Nun ist

$$F(0)=1,$$

somit giebt Gleichung (H)

$$\int_0^{2\pi}(1+re^{i\varphi})^a\,d\varphi=2\pi.$$

Wählen wir in Bezug auf die vieldeutige Funktion $(1+z)^a$ den Zweig der einfachsten Funktionswerte, so können wir schreiben:

$$(1+re^{i\varphi})^a=(1+2r\cos\varphi+r^2)^{\frac{a}{2}}\,e^{ia\operatorname{arctg}\frac{r\sin\varphi}{1+r\cos\varphi}}.$$

Daher ist, wenn wir gleich die Trennung des Reellen und Imaginären vornehmen und bedenken, dass $\int_0^{2\pi}=2\int_0^{\pi}$,

$$(63)\ \ldots\ \int_0^{\pi}(1+2r\cos\varphi+r^2)^{\frac{a}{2}}\cos\left(a\operatorname{arctg}\frac{r\sin\varphi}{1+r\cos\varphi}\right)d\varphi=\pi,\ r<1.$$

*) s. § 9.

Für r = 1 käme der Verzweigungspunkt z = — 1, den wir durch eine unendlich kleine halbkreisförmige Ausbiegung ausschliessen, auf den Integrationskreis zu liegen. Da aber in Bezug auf den Weg, den das Integral geführt wird,

$$\lim_{z=-1} (z+1) \frac{(1+z)^a}{z} = 0, \text{ für } a > -1,$$

und dieser lim unter derselben Bedingung auch = 0 für die Ausbiegung des Punktes z = — 1, so gilt unsere Formel auch noch für r = 1, unter der stillschweigenden Voraussetzung natürlich, dass wir den durch den Verzweigungspunkt hindurchgeführten Integrationsweg als die Grenzlage des diesen Punkt nicht treffenden unendlich kleinen Halbkreises betrachten.

Sei endlich r > 1. Alsdann lässt sich jedenfalls schreiben:

$$\int_0^{2\pi} = r^a \int_0^{2\pi} \left(\frac{1}{r^2} + \frac{2}{r}\cos\varphi + 1\right)^{\frac{a}{2}} \cos\left(a \operatorname{arctg} \frac{\frac{1}{r}\sin\varphi}{1+\frac{1}{r}\cos\varphi}\right) d\varphi = 2\pi r^a.$$

Aber $\int_0^{2\pi} = 2\int_0^{\pi}$, sonach

$$(63a) \;.\;.\; \int_0^{\pi} (1+2r\cos\varphi + r^2)^{\frac{a}{2}} \cos\left(a \operatorname{arctg} \frac{r\sin\varphi}{1+r\cos\varphi}\right) d\varphi = \pi r^a, \; r > 1.$$

39. Beispiel.

$$\int_0^{\pi} \frac{d\varphi}{(a+\sqrt{a^2-1}\cos\varphi)^{n+1}},$$

wo n eine positive ganze Zahl.

Wir setzen

$$a + \sqrt{a^2-1}\cos\varphi = z$$

und erhalten dann

$$-\sqrt{a^2-1}\sin\varphi\, d\varphi = dz$$

und

$$\sin\varphi = \sqrt{1 - \frac{(z-a)^2}{a^2-1}},$$

so dass

$$d\varphi = \pm \frac{1}{i} \frac{dz}{\sqrt{1-2az+z^2}}.$$

Während sodann φ die Werte von 0 bis π durchläuft, variiert $\cos\varphi$ von + 1 bis — 1 und z von $a + \sqrt{a^2-1}$ ($= \alpha_1$) bis $a - \sqrt{a^2-1}$ ($= \alpha_2$) und zwar in gerader Linie. Damit unmittelbar

$$(*) \;.\;.\;.\;.\;.\; \int_0^{\pi} \frac{d\varphi}{(a+\sqrt{a^2-1}\cos\varphi)^{n+1}} = \pm \frac{1}{i} \int_{\alpha_1}^{\alpha_2} \frac{dz}{z^{n+1}\sqrt{1-2az+z^2}}.$$

Für die Funktion $f(z) = \frac{1}{z^{n+1}\sqrt{1-2az+z^2}}$ ist $z = 0$ ein Pol und die Punkte $\alpha_1 = a + \sqrt{a^2-1}$ und $\alpha_2 = a - \sqrt{a^2-1}$ sind 2 Verzweigungspunkte derselben, in denen sie ebenfalls ∞ wird. Wir umgeben nun den Pol $z = 0$ mit einem (aus dem Ursprung beschriebenen) ∞ kleinen Kreis c; ferner jeden der beiden Verzweigungspunkte α_1 und α_2 mit einem solchen Kreischen γ_1 und γ_2, beschrieben aus α_1 und α_2 und fügen ihnen die sie verbindenden, parallel zur Centrale $\alpha_1\,\alpha_2$ und zu beiden Seiten dieser verlaufenden Geraden hinzu; endlich beschreiben wir aus dem Coordinatenursprung den ∞ grossen Kreis U. Alsdann ist die zu integrierende Funktion f(z) der komplexen Variablen z in dem (3fach begrenzten) Flächenstück T, das begrenzt wird von U, c und der hantelförmigen, die beiden Verzweigungspunkt α_1 und α_2 einschliessenden Begrenzung c_1 synektisch. Ausserdem wird beim Umkreisen sowohl der den Pol $z = 0$ umschliessenden Begrenzung (c) als auch derjenigen (c_1) der beiden Verzweigungspunkte der Wert von f(z) nicht geändert*). Demnach gilt [s. Fussnote **) zu § 1] die Gleichung

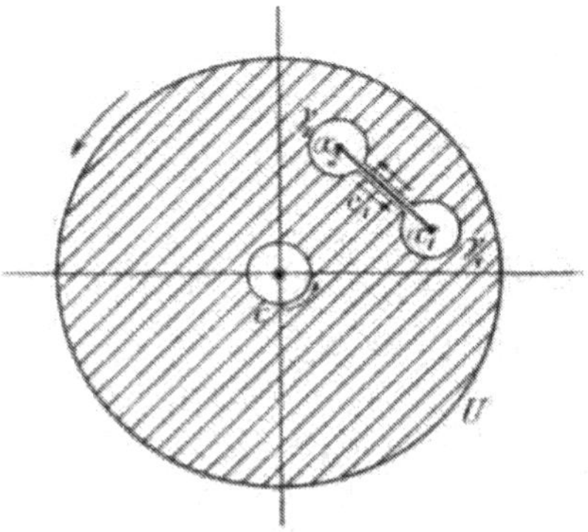

$$(** \quad \ldots\ldots\ldots \quad \int_U = \int_c + \int_{c_1}.$$

Nun ist

$$\int_c = 2\pi i \operatorname{Res} f(0) = 2\pi i B_1,$$

wo B_1 der Koeffizient des Glieds $\frac{1}{u}$ in der Entwicklung von $f(0+u)$ (s. § 2). Nehmen wir von den beiden Werten von $\frac{1}{\sqrt{1-2au+u^2}}$ denjenigen, der für $u = 0$ den Wert $+1$ annimmt, so gilt

$$\frac{1}{\sqrt{1-2au+u^2}} = 1 + A_1 u + A_2 u^2 + \ldots + A_n u^n + \ldots,$$

wo

$$A_n = \frac{1}{2^n . n!} \cdot \frac{d^n (a^2-1)^n}{d a^n}.$$

Damit aber

$$B_1 = A_n,$$

und es folgt

$$\int_c = \frac{2\pi i}{2^n . n!} \cdot \frac{d^n (a^2-1)^n}{d a^n}.$$

---

*) Denn beim Umkreisen von α_1 ändert die Funktion $\sqrt{1-2az+z^2}$ ihr Zeichen. Die Centrale $\alpha_1\,\alpha_2$ aber wird nicht überschritten; ehe z zu seinem alten Werte zurückkehrt, hat es auch α_2 zu umkreisen, wobei das Zeichen von $\sqrt{1-2az+z^2}$ nochmals umschlägt und diese Funktion also ihr ursprüngliches Zeichen wieder erhält, so dass in der That die zu integrierende Funktion f(z) beim Umkreisen auch der inneren Begrenzung c_1 ihren Wert nicht ändert.

Ferner ist, da offenbar

$$\lim_{z=\infty} z \, . \, f(z) = 0,$$

$$\int\limits_{U} = 0.$$

Sodann ist das längs der hantelförmigen Begrenzung c_1 genommene Integral

$$\int\limits_{c_1} = \int\limits_{\alpha_1}^{\alpha_2} + \int\limits_{\gamma_2} + \int\limits_{\alpha_2}^{\alpha_1} + \int\limits_{\gamma_1}.$$

Aber

$$\lim_{z=\alpha_1}(z-\alpha_1)\, f(z) = 0 \quad \text{und} \quad \lim_{z=\alpha_2}(z-\alpha_2)\, f(z) = 0,$$

somit

$$\int\limits_{\gamma_1} = 0 \quad \text{und} \quad \int\limits_{\gamma_2} = 0.$$

Anderseits ist

$$\int\limits_{\alpha_1}^{\alpha_2} = \int\limits_{\alpha_2}^{\alpha_1};$$

denn die Werte, welche die Funktion $f(z)$ bei diesen beiden Integralen in den korrespondierenden Punkten annimmt, sind gleich und entgegengesetzt und das Differential dz hat entgegengesetztes Zeichen. Damit aber geht unsere Gleichung (**) über in

$$0 = \int\limits_{C} + 2\int\limits_{\alpha_1}^{\alpha_2},$$

woraus, wenn wir für $\int\limits_{C}$ den oben gefundenen Wert einsetzen,

$$\int\limits_{\alpha_1}^{\alpha_2} = -\frac{\pi i}{2^n \, . \, n!} \cdot \frac{d^n (a^2-1)^n}{d a^n}.$$

und somit vermöge Gleichung (*)

$$(64) \quad \dots \quad \int\limits_{0}^{\pi} \frac{d\varphi}{(a + \sqrt{a^2-1}\cos\varphi)^{n+1}} = \pm \frac{\pi}{2^n \, . \, n!} \cdot \frac{d^n (a^2-1)^n}{d a^n}.$$

Es bleibt nun noch zu untersuchen, welches Zeichen dem Integral zu geben ist.

Für den besonderen Wert $a = +1$ nimmt das Integral links den Wert $+\pi \left[= \int\limits_{0}^{\pi} d\varphi \right]$ an, und da die rechte Seite der Gleichung $\frac{\pi}{2^n \, . \, n!} \cdot \frac{d^n (a^2-1)^n}{d a^n} \left[= \pi A_n \right]$ in solchem Falle $= \pi(+1) = +\pi$, so ist das Zeichen $+$ zu nehmen.

Für den Wert $a = -1$ nimmt das Integral den Wert $\pi(-1)^{n+1}$ $\left[= \int\limits_0^\pi \frac{d\varphi}{(-1)^{n+1}}\right]$ an, und da die rechte Seite der Gleichung in diesem Falle $= \pi(-1) = -\pi$, so ist diesmal das Zeichen — zu nehmen.

Dieser Zeichenwechsel kann nur daher rühren, dass die beiden Glieder unserer Gleichung Funktionen von a darstellen, für welche beim Übergang des Arguments a von $+1$ zu -1 dieses durch einen Wert geht, der entweder die beiden Funktionen zu 0 oder aber die eine derselben unstetig macht.

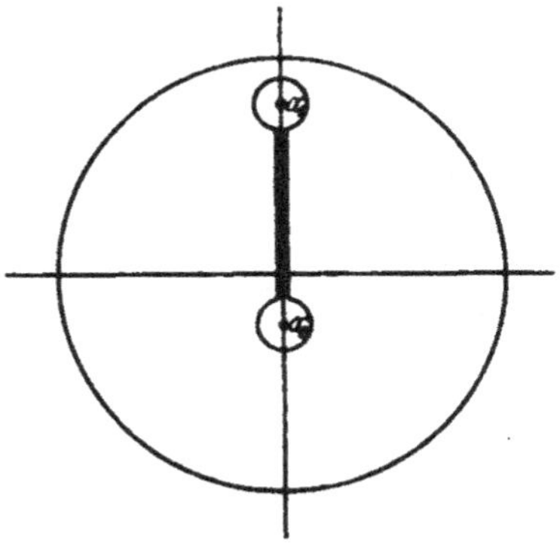

Nun ist aber die Funktion $\frac{d^n(a^2-1)^n}{da^n}$ eine stetige Funktion von a und wird zu 0 nur für einzelne Punkte, denen man beim Übergang von einem Wert des a zu einem andern (speziell oben von $+1$ zu -1) immer ausweichen kann.

Das Integral $\int\limits_0^\pi$ dagegen kann unstetig werden; nämlich dann, wenn der Nenner $a + \sqrt{a^2-1}\cos\varphi$ innerhalb der Integrationsgrenzen zu 0 wird. Es trifft dies zu, wenn $\sqrt{a^2-1}$ reell und abs. $>$ a oder a^2-1 reell und $> a^2$, was nur möglich, wenn a^2 reell und negativ oder a selbst eine rein imaginäre Grösse, d. h. a ein Punkt der Y-Achse ist. Die Y-Achse ist also die Grenzlinie zwischen denjenigen Werten von a, für welche man das Zeichen + und denjenigen, für welche man das Zeichen — zu nehmen hat.

Unser Integral $\int\limits_0^\pi$, das für rein imaginäre Werte des Parameters a, wie wir eben gesehen haben, seine Stetigkeit verliert, existiert aber für solche Werte überhaupt nicht; denn der im Falle eines rein imaginären a auf die Y-Achse zu liegen kommende Integrationsweg $\alpha_1 \alpha_2$, dessen beide Endpunkte α_1 und α_2 zu beiden Seiten des Koordinatenursprungs liegen, führt durch den Pol $z = 0$ der Funktion $f(z)$.

CPSIA information can be obtained
at www.ICGtesting.com
Printed in the USA
BVOW04s1909090817
491642BV00002B/102/P

9 781168 346674